BIBLIOTHÈQUE DU CULTIVATEUR

PUBLIÉE

AVEC LE CONCOURS DU MINISTRE DE L'AGRICULTURE

ENGRAISSEMENT

DU BOEUF

PAR

C. VIAL

VÉTÉRINAIRE A NÎMES

PARIS

LIBRAIRIE AGRICOLE DE LA MAISON RUSTIQUE

26, RUE JACOB, 26

ENGRAISSEMENT

DU BOEUF

PARIS. — IMP. SIMON RAÇON ET COMP., RUE D'ERFURTH, 1.

L'ENGRAISSEMENT

DU BOEUF

CONSIDÉRATIONS GÉNÉRALES
SUR L'ENGRAISSEMENT

De tous les animaux de rente, le bœuf est celui qui, pris en masse ou individuellement, a la plus grande valeur et qui se combine le mieux avec les conditions diverses de l'exploitation du sol. Considéré d'une manière générale, son engraissement présente de très-grands avantages; il fournit l'un des éléments les plus essentiels à l'alimentation de l'homme : la viande. Il provoque le perfectionnement des races, il oblige les engraisseurs à choisir des cultures appropriées; il augmente la quantité et la valeur des engrais, et devient, par cela même, une cause d'amélioration pour l'agriculture, qui est la première base de la fortune publique. Quand il est fait dans des conditions convenables et d'une manière économique, il offre des produits réguliers et certains, et permet de tirer un parti avantageux d'une masse de fourrages qui n'auraient pu être transportés au loin, de renouveler le capital plus souvent que dans beaucoup d'autres industries, et de ne pas le morceler, comme dans la vente des produits de laiterie. Cependant la France, il est pénible de le constater, est, sous le rapport de la production de la viande, dans un état d'infériorité relative contre lequel semblent protester la fertilité de son sol, la beauté de son climat et l'intelligence de ses habitants. L'Allemagne, la Belgique, l'Angleterre lui sont de beaucoup supérieures, et tandis que dans ce dernier état la consommation annuelle est évaluée à 34 kilogrammes par habitant, elle n'est guère en France que de 19 kilogrammes 500 grammes.

Les causes de cette infériorité sont multiples : elles tiennent en premier lieu au défaut de perfection de nos races bovines, auxquelles on a cherché à donner, jusqu'en ces derniers temps, plus d'aptitude au travail qu'à l'engraissement; en second lieu, à l'imperfection de nos cultures et au peu d'extension donnée aux prairies artificielles. La France consomme chaque année l'équivalent de 91,216,458 hectolitres de blé [1], fournis en nature sur la récolte de 9,084,707 hectares cultivés en froment, méteil, seigle et épeautre, plus l'équivalent de 16,444,616 autres hectolitres représentés par le maïs, l'orge, le millet, le sarrasin, les légumes secs, etc., fournis par 3,223,473 hectares, ou plus du tiers de l'étendue cultivée en blé.

Si, par une amélioration de l'économie rurale du pays, on augmentait le produit moyen de chaque hectare de blé d'un 7me, c'est-à-dire de 89 litres seulement, ce qui ne peut paraître à personne une supposition impossible, cette augmentation, si minime en apparence, mettrait immédiatement à la disposition du bétail les 3,223,473 hectares que nous venons de mentionner; et, comme 50 ares suffisent en moyenne à l'entretien d'une tête de gros bétail, il en résulterait une augmentation possible de 6,446,946 têtes de gros

---

[1] Ces chiffres et les suivants sont empruntés aux *Notes économiques sur la statistique agricole de la France*, de M. C. E. Royer.

bétail ou leur équivalent, dont chacune, d'après les calculs de Thaër, fournirait la fumure complète de 20 ares de blé ou la fumure totale de 1,289,589 hectares, qui, à 1,289 litres l'un, reproduirait 16,052,895 hectolitres de froment, obtenus sans aucun frais de loyer ni de préparation, et amèneraient une réduction de 0,14 sur le prix de production, ou une économie de 121,657,024 francs.

En même temps, un autre résultat serait obtenu ; un bétail plus nombreux fixerait plus particulièrement l'attention des cultivateurs, et l'art de l'engraissement, se généralisant, produirait une plus-value des animaux, estimée dans l'état actuel de notre population bovine à 135 millions de francs [1], si nous ajoutons à cela la valeur de 6,446,946 têtes de gros bétail, nous aurons une augmentation de capital de 967,141,900 francs et une augmentation de revenu annuel de 256 millions.

Une question d'une si haute importance devait naturellement éveiller la sollicitude du gouvernement et lui faire prendre l'initiative de mesures devenues nécessaires pour donner une direction convenable à l'industrie privée. Le premier acte qui témoigne de son intervention est l'importation de la race de Durham en 1821, importation renouvelée plusieurs fois depuis, qui a eu le mérite, sinon de nous fournir des améliorateurs irréprochables, du moins de nous donner des modèles à imiter et de nous faire comprendre ce que peuvent, pour l'appropriation des races, la patience unie à l'intelligence de certaines lois de la nature ; le second est l'établissement de concours d'animaux de boucherie à Poissy (1844), à Lyon (1846), à Bordeaux (1848), à Lille (1849), à Nîmes (1850), à Nantes (1852).

Déjà l'émulation éveillée par ces luttes d'un nouveau genre semble donner à l'industrie de l'engraissement une impulsion nouvelle. Un grand nombre de cultivateurs intelligents ont obtenu, dans toutes les régions, des résultats qui les ont signalés à l'attention publique ; leurs efforts, nous n'en dou-

[1] Bujault, *Guide des comices.*

tous pas, auront, dans un avenir prochain, la plus heureuse influence, mais le but n'est pas complétement atteint. Les expositions régionales favorisent plutôt la production de brillantes exceptions, de ces animaux que nous appellerions volontiers *animaux de concours*, pour lesquels n'ont été épargnés ni les soins, ni les peines, ni les sacrifices de tout genre. Ce sont des exemples précieux, sans doute, parce qu'ils témoignent de la puissance de l'homme lorsqu'il sait combiner avec intelligence les divers éléments que la nature a mis à sa disposition ; mais ces exemples, il ne faut pas chercher à les imiter pour la production des animaux de commerce, parce que l'opération, entreprise dans l'espoir d'un gain honorable, pourrait se traduire par un déficit quelquefois assez grand.

Ce qu'il importe de rechercher surtout, c'est de produire beaucoup de viande au meilleur marché possible ; d'obtenir, par un bon choix et des soins convenables, des animaux dont le doit et avoir se balancent à la fin par un bénéfice auquel peut légitimement aspirer tout homme qui consacre son temps et sa peine à une entreprise quelconque. Malheureusement cette condition est difficile à obtenir, et souvent l'engraissement du bœuf constitue en perte l'agriculteur qui s'y livre, ce qui a fait dire très-spirituellement que le bétail est un mal nécessaire. Mais si l'on n'est pas toujours sûr d'arriver à un heureux résultat, c'est surtout en suivant les errements des lauréats de concours, et l'on n'est même pas plus assuré du succès en s'adressant aux races réputées les meilleures d'une manière absolue, parce qu'elles ont toutes une valeur relative subordonnée aux influences climatériques. Dans une opération de cette nature, chacun doit faire son compte : la qualité des fourrages, leur prix de revient, le mode d'exploitation du sol, l'exposition des lieux, la nature du terrain, la disposition des étables, le personnel de la ferme, le plus ou moins d'appropriation des races que l'on peut se procurer, la facilité des débouchés, sont autant de circonstances qu'il faut apprécier et qui doivent faire varier les procédés d'engraissement suivant les localités.

Aussi l'on comprend la difficulté de tracer des règles applicables à tous les cas particuliers. Les auteurs qui ont traité cette question se sont bornés à écrire, les uns, comme Favre de Genève, pour une seule province; les autres, comme Grognier, Magne, David, Law, Villeroi, etc., à formuler des principes généraux, dont l'intelligence doit être aux hommes qui ont l'habitude de réfléchir, d'un précieux secours pour surmonter tous les obstacles de la pratique. Exposer ces principes d'une manière brève et claire, les mettre à la portée du plus grand nombre, tel est le but que nous nous sommes proposé en publiant ce travail. Si nous pouvons contribuer quelque peu à leur propagation, nous croirons avoir fait une chose utile, parce qu'en définitif le peu d'empressement des agriculteurs à se livrer à la pratique de l'engraissement dépend moins de l'absence des moyens qui peuvent faire réussir que de leur ignorance, et que la généralisation de cette pratique est devenue plus nécessaire depuis qu'une comptabilité plus rigoureuse, en établissant les avantages du travail du cheval sur celui du bœuf, tend à enlever ce dernier à sa principale destination.

Pour faciliter l'étude du sujet que nous allons traiter, nous en diviserons la matière en neuf chapitres : 1º choix des animaux; 2º disposition des étables; 3º alimentation; 4º méthodes d'engraissement; 5º condiments, boissons, soins hygiéniques; 6º moyens de reconnaître le degré d'engraissement; 7º rendement, coupe du bœuf dans différentes villes; 8º maladies qui frappent de préférence les bêtes grasses et manière de les traiter; 9º observations particulières à la région du sud-est de la France.

CHAPITRE PREMIER.

CHOIX DES ANIMAUX

Les succès de l'engraissement dépendent, en majeure partie, du choix des animaux que l'on veut y soumettre. Comme le sol qui multiplie la semence en raison de sa fécondité, ceux-ci produisent plus ou moins, suivant qu'ils sont plus ou moins bien appropriés à leur destination. Il faut donc que l'étude des caractères susceptibles de faire apprécier les qualités qu'il convient de rechercher soit le point de départ, je dirai même la base des connaissances de l'engraisseur. La race, la conformation, la taille, le tempérament, l'âge, l'état de graisse, l'état de santé, le sexe, la castration, doivent faire l'objet d'un examen attentif.

1. — Choix des races et influence des milieux sur le bétail.

S'il est une question importante, et dont les observations qui s'y rapportent soient moins susceptibles de généralité, c'est, sans contredit, celle du choix d'une race. Pour la résoudre il faut se rappeler que les races n'ont pas de mérite absolu : mais que les aptitudes de chacune d'elles n'existent que par l'influence de certains facteurs, et ne peuvent se conserver que par l'action continuée des causes qui les ont produites. Connaître ces facteurs, c'est-à-dire le climat et le régime constitués, d'une part, par l'action combinée de la chaleur, de l'humidité, de la hauteur des lieux, de la direction, de la nature du sol, des cours d'eau, de la végétation, des vents, etc., par celle de la nourriture, du logement, du pansage, de l'exercice, etc., d'autre part ; établir les rapports qui existent entre les agents précipités et la manière d'être des animaux, tel est le secret de l'étude qui doit servir à déterminer

l'appropriation des races, sans laquelle le succès ne peut être que
le résultat du hasard.

Lorsqu'au début on se trouve dans la nécessité de se former une
opinion sur la valeur respective des races que le commerce amène
sur les marchés du centre où l'on opère, deux cas peuvent se
présenter.

RACES LOCALES. — On peut avoir sous la main une race locale,
possédant à un degré marqué l'aptitude à l'engraissement. Et les
sujets devant vivre alors au milieu des agents naturels qui ont pré-
sidé à leur développement, et à celui de leurs ascendants pendant
un grand nombre de générations, donneront des produits toujours
réguliers, et, dussent-ils même laisser quelque chose à désirer, il y
a tout lieu de croire qu'ils n'auront pas de rivaux dans les conditions où il sera possible de les placer. Là, les comparaisons clima-
tologiques deviendront inutiles : le seul soin à prendre sera de choisir les individus les mieux conformés d'après les règles que nous
exposerons plus loin.

RACES ÉTRANGÈRES. — D'autres fois, la race locale manquera tota-
lement, ou sera tellement dégénérée que son engraissement n'of-
frira aucun avantage économique. En attendant que les progrès agri-
coles et l'application mieux entendue des lois qui régissent l'économie
du bétail l'aient améliorée, il faudra, parmi les races étrangères à la
contrée, choisir celle qui, tout en réunissant les conditions que l'on
recherche au point de vue des aptitudes, se trouve le mieux appropriée au milieu dans lequel on doit la faire vivre. Ici le meilleur
moyen d'éviter toute cause d'erreur sera de comparer les moyennes,
les maxima et les minima, ainsi que les variations les plus constantes
de température du pays d'origine à celles de la localité où les animaux doivent être conduits; de tenir un compte exact des observations météorologiques, celles surtout qui se rattachent à l'hygromé-
trie; d'étudier avec soin la nature des terrains, dont la composition
exerce une si grande influence sur la valeur nutritive des aliments.
Et s'il existe entre ces divers éléments constitutifs du climat une similitude suffisante, il sera permis d'espérer que la race à importer
n'aura pas à souffrir du déplacement, et qu'elle restera toujours à
la hauteur de la réputation qu'elle s'est acquise.

INFLUENCE DU CLIMAT. — Cependant cette similitude parfaite entre
les climats de deux pays différents est difficile à rencontrer, et si elle
était une condition indispensable, on ne pourrait que rarement déplacer les animaux. Heureusement il n'en est point ainsi. Pour les voir
réussir, il suffit le plus souvent de les placer dans un milieu qui ne

puisse produire une déviation de forces vitales contraire au développement de l'aptitude que l'on recherche. Ainsi le climat tempéré et humide des provinces maritimes favorise mieux que le climat chaud et sec, ou sujet à des variations brusques de température, des département du midi et du centre de la France, la production de cette constitution cellulo-lymphatique, qui est l'indice, sinon la cause, de l'aptitude à l'engraissement. Et l'observation démontre que les animaux qui ont vécu dès leur naissance dans ce dernier se trouvent bien d'être soumis à l'influence du premier, tandis qu'ils ne peuvent jamais éprouver impunément le changement inverse. Dans cette circonstance, il est vrai, ils ne restent pas tels qu'ils auraient été si l'action des mêmes causes s'était toujours exercée sur eux ; mais les modifications qu'ils éprouvent sont toujours favorables au but que l'on se propose, c'est-à-dire qu'elles tendent à augmenter en eux la faculté de prendre rapidement la graisse.

Influence du sol et de la nourriture. — Des remarques analogues ont été faites à propos de la nature du sol : suivant que dans sa composition prédomine la silice, l'argile ou le calcaire, les plantes qui y croissent ont des propriétés différentes et ne produisent pas les mêmes effets sur les animaux qui s'en nourrissent ; c'est ainsi que les terres granitiques, donnant des végétaux en général peu riches en principes alibiles, des foins et des pailles de médiocre qualité, offrent des animaux sobres, rustiques, légers, vifs, mais petits, ou bien assez forts, trapus, mais plus chargés de tissus mous et d'os que de muscles ; que les terres argileuses, humides et froides, dont les récoltes abondantes laissent beaucoup à désirer quant aux qualités, dont les fourrages sont peu estimés, parce qu'ils contiennent de mauvaises plantes, et parce que les bonnes espèces y sont aqueuses, insipides et peu nutritives, fournissent des animaux offrant un abdomen volumineux, des muscles grêles et des os saillants, qui sont mous, faibles, d'une constitution débile et prenant difficilement la graisse ; et, enfin, que les terres provenant des roches calcaires et des roches volcaniques, propres aux plus riches cultures, et fournissant les légumineuses les plus précieuses comme fourrage, sont particulièrement aptes à favoriser le développement des bêtes bovines.

L'on comprend que le bétail, en passant des sols granitiques ou fortement argileux sur les terres calcaires, doit se modifier dans un sens favorable, tandis que le contraire arrive dans la mutation opposée.

1.

« Nous voyons souvent, dit Magne [1], dans la même vallée; un côté
formé de terrain siliceux, et le côté opposé de terrain calcaire, le
plus petit ruisseau sépare seul les deux sols l'un de l'autre ; quelquefois un versant d'une montagne est siliceux et l'autre calcaire.
Eh bien, d'un côté sont des terres à froment, donnant des fourrages riches en principes alibille, et de l'autre des terres légères, où
l'on est réduit à cultiver le seigle et le sarrasin.

Une différence correspondante peut être observée entre les animaux d'un versant et ceux de l'autre. Dans les pays à sol calcaire :
moutons forts, trapus, bœufs lourds. Dans les terres siliceuses :
animaux vifs, rustiques, forts, mais petits, sobres, légers. Les bestiaux passent toujours avec avantage d'un sol granitique dans un sol
calcaire, tandis qu'ils dégénèrent en passant du second sur le
premier. »

Mais ces bases, l'alumine, la silice et la chaux, peuvent être mélangées entre elles, dans des proportions fort variables et associées à
d'autres substances terreuses, à de l'humus, à des sels ou à des
métaux qui modifient de mille manières différentes, et quelquefois
à des distances très-rapprochées, le degré de fécondité du sol, la
nature des récoltes qu'il est susceptible de fournir, et, par suite, la
physionomie des animaux et la disposition de leur organisation intime. Il en est de même de la profondeur, de la consistance, de la
fraîcheur des terrains et du volume des matières qui les constituent,
ainsi que de la direction, de l'exposition et de la hauteur des lieux
qui, en changeant la flore, changent aussi la valeur nutritive des
fourrages. Nous ne pouvons, on le conçoit, nous arrêter à ces particularités, qui sont cependant, ainsi que le climat, la cause de la
diversité des races et des sous-races si nombreuses qui composent
l'espèce bovine. Il nous suffit de démontrer que lorsqu'il s'agit de
déplacer celles-ci, il importe de bien apprécier toutes ces circonstances et de juger, en définitive, si l'on peut, dans les conditions
où l'on se trouve placé, entourer les animaux d'un bien-être supérieur ou tout au moins égal à celui auquel les avaient habitués le
climat et le régime de leur pays natal.

Sans doute la connaissance des agents dont nous venons de nous
entretenir est d'un intérêt majeur pour celui qui, dans un but
d'amélioration, tente d'acclimater une race étrangère, ou de trans-
mettre ses qualités à une famille indigène par le croisement, parce
que leur action, se continuant de génération en génération, finit par

---

[1] *Traité d'agriculture pratique*, 2ᵉ édition, t. I, p. 40

imprimer à l'organisme des modifications plus radicales et plus profondes. Mais elle a son importance pour l'engraisseur proprement dit, qui achète chaque année un certain nombre d'animaux pour les soumettre à la pratique de l'engraissement : car l'influence des agents naturels, s'ils sont contraires, peut se faire sentir en très-peu de temps d'une manière assez prononcée pour compromettre le succès de l'opération. Tout le monde sait que les bœufs suisses, qui font chez eux d'excellentes bêtes de boucherie, sont en France plus difficiles à engraisser; que bœuf charollais, si bien approprié à sa destination dans Saône-et-Loire, ne peut-être engraissé avantageusement dans les départements du Sud-Est qu'après avoir payé un long tribut à l'acclimation. Et pour une autre espèce, ne sait-on pas que les chevaux de Saint-Bonnet (Isère), achetés en Lorraine à l'état de poulains, commencent à se modifier après quelques mois de séjour dans les Alpes ; que les poulains de la Bretagne, transportés en Normandie et dans le Perche, se confondent bientôt avec ceux qui en sont originaires ?

Mode d'exploitation. — Spécialisation du bétail. — Cependant l'appropriation au climat et à la nourriture n'est pas la seule condition à rechercher : il faut encore s'éclairer sur la convenance des animaux au mode d'exploitation des fermes. Suivant l'étendue et la situation de celles-ci, l'abondance et la qualité des fourrages, la nature des travaux à effectuer, les débouchés, il peut être plus utile d'entretenir des bêtes à double fin, travaillant bien d'abord, s'engraissant facilement ensuite ; ou bien des animaux spécialement aptes à cette dernière destination.

Dernièrement cette proposition a été l'objet d'une vive polémique, dont le *Journal d'agriculture pratique* a été le théâtre. MM. Jamet, Baudement, etc., plaidant pour la spécialisation ; MM. Vincent, Giraud, de Flaghac, de Dampierre, Villeroy, accordant leur préférence aux races indigènes, se faisant toutes remarquer par leur double aptitude à travailler et à engraisser, ont soutenu la discussion avec talent, et cependant ils ne sont parvenus à s'entendre, parce qu'ils ont tous voulu donner à cette question une solution trop générale, qu'elle ne comporte pas en pratique. Il est plus avantageux, sans doute, d'avoir des animaux aptes à donner l'un des produits que l'on demande aux bêtes bovines, parce que la division du travail vital, comme le dit M. Baudement, est le procédé employé par la nature pour arriver au perfectionnement de l'organisme. Mais c'est là une question de principe qui souffre de nombreuses exceptions. Ce que font les Anglais avec leur fortune, un climat essentiellement favorable au développement de cette constitution molle et lymphatique qui caractérise les bêtes de boucherie, une agriculture éminemment perfectionnée, la majorité des agriculteurs français peuvent-ils le faire ? Non.

Non, parce qu'en France le climat, plus sujet à des variations extrêmes de température, est moins propre à produire la disposition cellulo-lymphatique qui fait le mérite des bêtes anglaises ; parce que la division de la propriété, en limitant davantage les ressources des agriculteurs, ne leur permet pas d'entretenir à la fois des bêtes de travail et des bêtes d'engrais. Mais, en supposant même que ces obstacles fussent surmontés, il n'y aurait pas lieu de rejeter nos races indigènes, parce qu'il n'existe pas entre elles et les races à aptitudes exclusives des différences aussi grandes qu'on le pense généralement.

Et, en effet, l'aptitude au travail et l'aptitude à prendre la graisse ne sont-elles pas greffées sur les mêmes fonctions fondamentales ? L'une et l'autre n'exigent-elles pas, comme condition première, une digestion active, une respiration puissante et une circulation régulière ? Et les particularités de conformation qui leur sont propres sont-elles en opposition ? Une poitrine bien descendue, un garrot épais, une tête légère, une encolure courte, une ossature fine (ce qui n'exclut pas la largeur des articulations), un train postérieur bien développé, une peau souple, ne pourraient-ils se rencontrer chez un excellent bœuf de travail? Le fort développement du système musculaire, le tempérament sanguin, la perfection des aplombs et la solidité des articulations, qualités que l'on recherche chez ce dernier, ne pourraient-ils se trouver chez un individu apte à prendre facilement la graisse?

Les bons bœufs de travail n'ont pas, il est vrai, la constitution cellulo-lymphatique qui annonce la disposition à l'obésité. Mais est-elle si difficile à produire? « Elle dépend plutôt d'une disposition physiologique, de la flaccidité des tissus, que de la forme des organes; elle tient à un état particulier de l'organisme, état qui résulte du climat, de la nourriture, etc., et qui caractérise plutôt des individus, tout au plus des familles, que des races. Ne voyons-nous pas dans les animaux, comme dans l'espèce humaine, des individus très-différents par leur taille et leur conformation se ressembler ou par une maigreur extrême, ou par un embonpoint excessif[1] ?

Soins donnés au bétail. — D'où vient donc le discrédit qui frappe

[1] Magne, *Recueil de médecine vétérinaire*, n° de juin 1855, p. 429.

nos races? On leur conteste l'aptitude à l'engraissement et surtout la précocité à prendre la graisse. C'est qu'en France on n'apporte aucun soin au choix des reproducteurs. On sèvre trop tôt les jeunes sujets; et on ne leur donne, le plus souvent, que la moitié ou le tiers de la nourriture qui leur serait nécessaire. On les nourrit abondamment au printemps et en automne, et on les fait jeûner en été et en hiver. Il n'est pas étonnant, avec un pareil régime, qu'ils ne prennent pas ce développement de la poitrine, cette abondance de tissu cellulaire, cette constitution molle, qui sont les caractères des bêtes exclusivement appropriées à l'engraissement.

Pour développer ces qualités autant que cela est nécessaire, c'est-à-dire autant que le comporte notre climat, il suffirait de donner aux animaux des soins convenables; il faudrait éviter les inconvénients de l'excès du travail, dont les effets font considérer comme durs à l'engrais des animaux qui n'ont que le défaut d'avoir été épuisés par la lactation et le travail, et souvent par l'un et par l'autre; mieux choisir les reproducteurs; engraisser les produits à un âge moins avancé, et châtrer les mâles d'une manière complète [1].

Avec ces précautions, on pourrait bientôt s'assurer que nos races, dans les conditions où nous pouvons les placer, ne peuvent être remplacées par aucune autre. Les faits, du reste, viennent à l'appui de cette opinion. Partout où l'agriculture s'est perfectionnée, où la multiplication du bétail s'est faite dans de meilleures conditions, les races sont allées en s'améliorant. Et, chez quelques agriculteurs intelligents, elles sont arrivées à un degré de perfection qui leur permet d'entrer en concurrence avec les meilleurs types des races anglaises.

Il y a une dizaine d'années que les bœufs de Salers ne se présentaient sur nos marchés qu'avec une conformation défectueuse, des cornes à moitié usées par le harnais; on en voyait rarement qui fussent remarquables par leur état d'engraissement. La plupart n'avaient été châtrés que très-tard et imparfaitement, et n'étaient abattus qu'à l'âge de huit, dix ou treize ans. Aujourd'hui la conformation est meilleure, la ligne du dos est mieux soutenue, le poitrail est plus large, le garrot plus épais et la croupe assez charnue. Les plus vieux qui se présentent sur les marchés de Sceaux et de Poissy ont à peine atteint l'âge de six ans.

Des perfectionnements semblables se font remarquer dans les races du Poitou, du Limousin, de la Garonne, d'Aubrac, du Charol-

[1] Magne, *loc. cit.*

lais, etc. Et les concours, aujourd'hui assez multipliés, prouvent que
toutes nos races fournissent des sujets susceptibles d'acquérir un,
état de graisse très-avancé.

Des considérations qui précèdent il ne faudrait pas cependant
conclure à l'exclusion absolue des races étrangères perfectionnées:
Elles se conservent difficilement, il est vrai, avec leurs caractères
propres, lorsqu'elles ne sont pas placées dans des conditions iden-
tiques à celles qui les ont créées; et c'est là l'exception. Mais elles
peuvent hâter le progrès par le croisement, en communiquant à
nos races indigènes des qualités qui n'eussent été obtenues qu'avec
le temps par le régime. « Cependant il est prudent, même par cette
voie, de ne pas se lancer trop hardiment à la poursuite des amé-
liorations, parce que le revers de la médaille est précisément
dans le prix de revient. La masse des producteurs ne doit pas
se livrer aux essais onéreux. Son rôle est de pratiquer à coup sûr,
afin que les bénéfices soient, tout à la fois, la rémunération de l'industrie prise en grand et une part quelconque dans l'accroissement
de la fortune publique. Les tâtonnements dispendieux ne peuvent
être que le fait du petit nombre, se donnant pour mission la tâche
de faire la lumière pour tous [1]. »

En résumé : le choix d'une race doit être commandé par son appropriation, c'est-à-dire par les rapports qui existent entre elle et un
ensemble de conditions susceptibles de donner aux forces organiques
une direction déterminée, ayant pour but de conserver ou de développer en eux une aptitude spéciale, qui est, pour le sujet que
nous traitons, l'aptitude à l'engraissement.

Dans le cas d'une appropriation égale, il convient de préférer les
races les plus perfectionnées, lorsqu'on se trouve dans une position
qui permet d'entretenir des bêtes exclusivement de rente.

Mais lorsque celles-ci font défaut ou qu'elles manquent d'appropriation, il y a toujours convenance de s'adresser aux races à double
fin, ou aux races de travail, dont les sujets, quand d'ailleurs ils
sont bien conformés, peuvent faire aussi d'excellentes bêtes de
boucherie.

2. — Conformation des bêtes de boucherie.

Quelle que soit la noblesse de la souche, il faut que les pré-
dispositions originelles soient secondées par une bonne confor-

____

[1] Gayot, *Des concours d'animaux de boucherie.*

mation. On se fera une idée de l'importance attachée à celle-ci, en se rappelant que les fonctions, d'où résultent les aptitudes, sont exécutées par des organes ou des appareils dont le volume, la disposition, les rapports en assurent l'exercice d'une manière plus ou moins complète. Mais les actes biologiques peuvent être divisés en deux groupes distincts : les uns fondamentaux, tels que la respiration, la digestion, la circulation, doivent s'accomplir avec toute leur plénitude d'action, quel que soit le produit que l'on demande aux animaux, parce qu'ils sont chargés d'élaborer les matériaux qu'utilisent d'autres fonctions; les autres secondaires, tels que l'innervation dans ses rapports avec la vie de relation, la sécrétion de la graisse et celle du lait, peuvent prédominer alternativement, suivant les causes qui ont agi sur la constitution, suivant que les influences hygiéniques ont donné aux forces organiques telle direction plutôt que telle autre. Et comme cette prédominance de l'une des fonctions précitées implique nécessairement l'idée de celle de l'appareil ou des appareils qui l'exécutent, on comprend qu'une physionomie particulière doit être imprimée aux formes extérieures du corps. Par contre, en remontant de l'effet à la cause, la connaissance de la conformation doit faire préjuger de l'aptitude des animaux à travailler, à engraisser, ou à donner du lait.

Pour nous renfermer dans notre sujet, nous nous bornerons à l'étude des formes que l'on doit rechercher dans une bête de boucherie, en commençant par la poitrine et les organes digestifs, que nous venons de signaler comme les appareils des fonctions fondamentales.

Poitrine. — La poitrine renferme les organes principaux de la circulation, le cœur, les gros vaisseaux veineux et artériels, et le poumon, dont le rôle est de mettre, à travers les innombrables vésicules qui composent sa substance, l'air atmosphérique en contact avec le fluide sanguin, pour lui communiquer des propriétés, vivifiantes et opérer ce que Lavoisier a désigné sous le nom de combustion pulmonaire. Le sang, cette chair coulante, comme on l'a appelé, circulera en quantité d'autant plus grande, et sa transformation de sang veineux en sang artériel sera d'autant plus complète, que le développement des organes ci-dessus désignés permettra à l'un d'en recevoir davantage à chaque dilatation de ses ventricules, et à l'autre d'augmenter la puissance de la respiration en admettant un plus grand volume d'air. Mais le cœur et le poumon ne peuvent se trouver dans ces conditions de développement que s'ils sont eux-mêmes logés dans une cavité pectorale suffisamment étendue. Lorsqu'on choisit un animal, il est donc de la plus haute importance de déterminer la capacité de celle-ci. Elle se déduit de la hauteur, de la largeur, de la longueur et de la forme générale du cône tronqué circonscrit par les côtes, le sternum, la colonne vertébrale et le diaphragme.

La hauteur du thorax se mesure de l'extrémité du garrot à la partie la plus déclive du sternum, située entre les deux membres antérieurs.

Cette dimension doit être aussi considérable que possible; mais elle ne constitue pas absolument la profondeur de la poitrine, parce qu'elle peut être due à l'élévation du garrot ou à la longueur des côtes. Dans le premier cas, la hauteur du garrot, étant le résultat de la longueur des apophyses des vertèbres dorsales, n'a rien de commun avec l'étendue du thorax; il y a plus, cette disposition anatomique, se rencontrant toujours chez les sujets à poitrine étroite, doit être considérée comme un grave défaut. Dans le second cas, au contraire, les côtes formant le périmètre du thorax, leur longueur sera dans un rapport direct avec la capacité de celui-ci; et un poitrail saillant, bien descendu, quelquefois jusqu'aux genoux, comme on le remarque chez les animaux de la race de Durham, sera toujours une beauté de premier ordre.

Il en sera de même de la largeur, c'est-à-dire de l'épaisseur de la poitrine, ainsi que de sa longueur prise de la pointe de l'épaule à la dernière côte, parce qu'un volume augmente d'autant plus qu'il s'accroît davantage dans toutes ses dimensions. Mais une considération plus importante est celle qui se rattache à sa forme.

La cavité pectorale se rapproche plus ou moins par sa configuration de celle d'un cône oblique ayant pour base l'aire du diaphragme. Plus celui-ci sera considérable, plus grand aussi sera le volume du cône ou du poumon. Mais le périmètre du diaphragme, étant déterminé par le contour des côtes, se rapprochera du triangle ou du cercle suivant que ceux-ci seront aplatis ou très-arrondis. Et comme pour une ligne périphérique donnée la surface circonscrite est d'autant plus grande qu'elle se rapproche plus du cercle parfait, le cône représenté par un thorax ayant pour base un diaphragme rond, sera plus volumineux que la pyramide de même hauteur configurée par une poitrine à diaphragme triangulaire[1].

---

[1] Il serait facile de démontrer mathématiquement que de toutes les surfaces de même périmètre, le cercle est la plus grande; mais il nous suffira, dans l'espèce, de vérifier le théorème en comparant le cercle à celui de tous les triangles de même périmètre dont la surface

De ce qui précède, on déduit tout de suite cette donnée physiologique : que la côte ronde, augmentant beaucoup plus l'étendue du diaphragme que la côte droite, quelque élevée, du reste, que soit celle-ci, doit augmenter dans la même proportion le volume du poumon. Donc la poitrine très-descendue, mais étroite, ne vaudra jamais la poitrine très-cylindrique.

Cependant un agronome distingué de la Mayenne, M. Jamet, avantageusement connu par ses écrits dans le monde agricole, est arrivé à une conclusion tout à fait opposée.

« Il existe généralement, dit-il, une idée fausse sur la conformation des bœufs d'engrais ; on veut qu'une bête de boucherie ait la côte ronde. On entend par cette expression, en prenant le tout pour la partie, que l'ensemble du thorax doit présenter la forme cylindrique : c'est une erreur. Les côtes doivent paraître sortir horizontalement de la colonne vertébrale, je dis doivent paraître, les muscles qui les recouvrent à leur point d'attache leur donnant cet aspect : mais il faut qu'elles soient aplaties latéralement, ce qui donne la forme d'un cube à l'ensemble de la poitrine.

« Vous devez comprendre que, à diamètre égal, le volume des poumons est plus considérable dans un cube que dans un cylindre. »

M. Jamet est arrivé à formuler ces conclusions en comparant des volumes qui n'ont aucun rapport entre eux. Deux poitrines d'un même diamètre peuvent avoir un périmètre fort différent, et alors où se trouvent les éléments de comparaison ? Pour se faire une idée

est la plus grande, c'est-à-dire au triangle équilatéral. Or, soit A le côté d'un triangle équilatéral et R le rayon d'un cercle de même périmètre que ce triangle, on aura :

$$3A = 2\pi r \qquad (1)$$

La surface du triangle équilatéral, en fonction de son côté, étant présentée par $a^2 \sqrt{3} : 4$, celle du cercle par πR^2 il suffira de prouver que l'inégalité

$$\pi r^2 > a^2 \sqrt{3} : 4 \qquad (2)$$

est vraie.

En effet, de l'équation (1) on déduit :

$$r = 3a : 2\pi.$$

Remplaçant R par sa valeur dans l'inégalité (2) et réduisant, il vient

$$9 > \pi \sqrt{3},$$

ou bien $9 > 5,440,$

ce qui est évident. On en conclut que le cône d'une hauteur et d'un périmètre de base donnés est plus grand en volume que la pyramide triangulaire de même hauteur et de même périmètre de base.

de la forme sur la capacité de la poitrine, la question doit être posée autrement. Supposez un squelette dont les côtes soient remplacées par des tiges d'un métal très-malléable, comme le plomb, par exemple. Si nous aplatissons ces tiges sur le côté de manière à leur donner la disposition de la côte droite, la cage aura-t-elle la même capacité que si nous leur laissons la direction de la ligne circulaire? En d'autres termes, de deux poitrines d'un même périmètre et de même longueur dont l'une est ellipsoïde et l'autre parfaitement ronde, quelle sera la plus volumineuse? Ce sera évidemment la dernière, en vertu de ce principe de mathématique, déjà invoqué, que, pour un périmètre donné, la plus grande surface est celle circonscrite par le cercle.

Cavité abdominale. — L'examen de la cavité abdominale n'est pas moins important que celui du thorax. Elle doit être d'une proportion moyenne, régulièrement arrondie dans tout son pourtour, de manière à ne laisser aucune dépression au niveau des flancs. Un ventre descendu large, volumineux, dont le poids de la masse creuse les flancs, est l'indice d'une digestion laborieuse et l'attribut des animaux nourris sur les terres humides, avec des aliments grossiers et peu nutritifs, et dont le sang, incomplétement élaboré par une respiration impuissante, n'a pu fournir à la nutrition les éléments nécessaires à l'entier développement des organes. Ce défaut se rencontre, le plus souvent, avec le vice de conformation résultant de la flexion en contre-bas de la colonne vertébrale, que l'on désigne en disant que l'animal est ensellé, et chez les sujets à côte plate, dont la poitrine resserrée, rejette en arrière les viscères abdominaux.

L'excès opposé, c'est-à-dire le ventre étroit, retroussé, fait supposer que les animaux ont longtemps souffert de vives douleurs, ou que les intestins se sont exercés sur des aliments n'ayant pas le volume nécessité par les dispositions organiques de l'espèce, ou enfin que ceux-ci n'ont pas été ingérés en quantité suffisante, soit par suite d'une distribution parcimonieuse, d'un vice des organes de la préhension et de la mastication, ou d'un état maladif. Dans l'un et dans l'autre cas les organes préposés à l'acte de la digestion n'ayant pas atteint les proportions qui leur étaient assignées par la nature ne peuvent suffire à la préparation des matériaux que réclame une assimilation active.

A ces considérations ajoutons : qu'un ventre qui augmente peu de volume après le repas, une bouche bien fendue, des lèvres fortes relativement aux autres parties de la tête, indiquent toujours que l'animal se nourrit bien.

Une digestion complète, une respiration étendue assurent la formation du sang en quantité suffisante pour remplir entièrement
les vaisseaux qui le contiennent, et augmentent en lui la proportion
des éléments assimilables. Mais pour que les substances utilisées
par la nutrition servent plus spécialement à la formation de la chair
et de la graisse, il faut que les fonctions qui concourent à ce but
aient une prédominance marquée sur toutes les autres; et l'observation démontre que la prédisposition qui en résulte existe plus
particulièrement chez les sujets dont le squelette est léger, le système musculaire fortement développé, et dont le tissu cellulaire,
sans être trop lâche, est assez abondant pour donner aux diverses
parties du corps des contours parfaitement arrondis.

OSSATURE. — Autrefois on estimait la valeur d'un animal par la
grosseur de ses os. Les observations du célèbre Bakewel, de Cline,
de John Hunter, de Sinclair, etc., ont fait prévaloir la doctrine
opposée.

On sait aujourd'hui qu'une ossature fine, compacte, à tissu serré,
est toujours accompagnée d'une proportion relativement plus forte
de parties charnues; que la viande qui la recouvre est plus pesante,
plus délicate, à fibres plus ténues, plus savoureuse, et enfin, qu'elle
est le signe d'une constitution excellente. Les os gros, par contre,
sont un défaut, moins parce qu'ils augmentent la proportion des
issues par leur propre poids, car la substance qui les compose, plus
poreuse, plus creuse intérieurement, pèse moins que celle des os
minces, que parce qu'ils indiquent une imperfection des organes de
la nutrition. On juge des propriétés du squelette entier par les
canons et par la tête. Celle-ci doit être petite, peu chargée de gana-
che, surmontée par des cornes minces, courtes, luisantes et de
couleur claire, et supportée par une encolure courte.

MUSCLES. — Les muscles fournissent la chair. Leur volume, leur
distribution régulière sur le squelette, constituent un des points les
plus essentiels à considérer. Ils doivent être bien développés, sans que
les interstices qui les séparent, remplis par le tissu cellulaire, soient
trop fortement accusés par les dépressions de la peau, et donner au
corps une forme compacte, de manière qu'aucune des parties de
l'animal ne soit disproportionnée avec les autres, et que le tout présente une masse bien arrondie et bien remplie. Des épaules charnues, un garrot épais, un dos et des lombes larges, longs et droits,
des hanches écartées de la ligne médiane, mais recouvertes d'une
couche musculaire et graisseuse; une croupe longue et horizontale;
des fesses et des cuisses peu fendues, larges, épaisses, bien descen-

dues (ce qu'on appelle bien culotté), concourent à augmenter la proportion de la viande la plus estimée, relativement aux parties qui ont moins de valeur.

Il importe aussi que les chairs soient élastiques, fermes sans être dures. Ces propriétés, jointes aux autres indices tirés de la conformation et des qualités de la peau, accusent généralement une viande de qualité supérieure.

Tissu cellulaire. — Le tissu cellulaire, ainsi nommé à cause des aréoles qu'il forme, est le principal élément de l'organisation. C'est un tissu mou, spongieux, répandu dans tout le corps; qui entoure tous les organes, les unit et en même temps les sépare les uns des autres; qui pénètre dans leur épaisseur et se comporte de la même manière à l'égard de toutes leurs parties. « Qu'on se figure, dit Favre, un animal avec tous ses membres, toutes ses parties dans leur position et leur figure naturelle, mais transparent, et n'étant formé qu'avec de la mousse d'eau de savon : tel serait l'ensemble du tissu cellulaire conservé dans sa position et dépouillé de ce qui n'est pas lui. »

Il n'est pas également répandu sur tous les points du corps. On en trouve davantage auprès des organes les plus importants, dans les vides qui subsistent entre eux et aux endroits qui sont le siége de grands mouvements. Dans ces mailles se déposent les vésicules adipeuses, dont l'accumulation, aux parties où il est en plus grande quantité, constitue les points de maniement : tels sont le poitrail, le garrot, la base de la queue, la croupe, les parois supérieures, latérales et postérieures de la poitrine, la partie supérieure des flancs, la base du scrotum, la région du coude, dont nous nous occuperons plus loin, dans un chapitre spécial.

Comme véhicule de la graisse, le tissu cellulaire, par son état, doit influencer sur la production de celle-ci. On estime un animal chez lequel il est abondant et extensible sans excès. En trop faible quantité, comme chez les animaux aux formes sèches, anguleuses, au tempérament nerveux, il diminue la faculté d'engraisser. Sa trop grande rigidité produit le même effet, tandis que le défaut opposé, c'est-à-dire une trop grande flaccidité, est considéré comme l'attribut d'une constitution faible, et l'indice de la formation d'une graisse molle et de médiocre qualité.

Finesse de la peau. — Mais en se condensant à la surface du corps le tissu cellulaire constitue la peau, dont les propriétés peuvent faire préjuger celles de son élément générateur. Elle doit être mince, souple, très-mobile, se plisser avec facilité, et recouverte

d'un poil fin, court, peu touffu, bien lustré et de teinte légère. Le
repli désigné sous le nom de fanon, qu'elle forme en avant du poitrail, et que les agronomes anciens et modernes ont considéré
comme une beauté, doit être peu marqué. Son grand développement est au moins inutile, s'il n'est, comme le disent quelques auteurs, le signe du peu de disposition à engraisser.

Cuir et suif. — Ici l'intérêt du boucher se trouve en opposition
avec celui des engraisseurs. Une peau mince fournit un cuir moins
pesant qu'une peau épaisse ; et comme elle fait partie des issues qui
forment le bénéfice du boucher, lorsqu'il achète au poids, la préférence de celui-ci est acquise aux animaux qui présentent la dernière
condition.

Soit habitude, soit calcul, il manifeste la même préférence à
propos des animaux achetés par tête et sans condition de poids,
comme cela se pratique souvent sur les marchés de province. Pourtant il ne devrait pas ignorer que la moins-value, résultant de la
finesse de la peau est largement compensée par une plus grande
accumulation du suif. C'est du moins ce qui résulte des observations d'un habile vétérinaire de Genève, Favre ; nous le laisserons
parler lui-même :

«En compulsant, dit-il, un livre de boucher tenu avec ordre, sur
118 bœufs de race suisse, tués successivement en 1822 et 1823,
les cinq à cuir le plus pesant, comparés avec les cinq à cuir le plus
léger, ont fourni les résultats suivants :

CUIRS ÉPAIS.			CUIRS MINCES.		
Cuirs.	Suif.	Viande.	Cuirs.	Suif.	Viande.
154	88	886 liv.	92	57	678 liv,
139	53	864	94	80	740
139	68	900	96	100	784
145	55	860	97	60	752
150	52	906	100	52	698
707	316	4.416 liv.	479	349	3.652 liv.

«Il s'ensuit que les cinq bœufs à cuir mince, beaucoup plus petits
que les cinq à cuir épais, puisqu'ils pesaient 764 livres de moins,
quoique étant plus gras, ont eu 33 livres de suif de plus.

«En répétant la même opération, mais en choisissant dans le sens
le plus favorable à l'opinion que les bœufs à cuir mince s'engraissent mieux, j'ai obtenu des preuves plus évidentes.»

CUIRS ÉPAIS.			CUIRS MINCES.		
Cuirs.	Suif.	Viande.	Cuirs.	Suif.	Viande.
133	46	770 liv.	96	100	784
134	88	886	111	96	809
139	68	900	122	104	1.016
139	53	864	124	100	1.000
145	55	860	125	92	804
690	310	4.280 liv.	578	492	4.413 liv.

Quand on admettrait même que les cinq bœufs dont les cuirs pesaient 112 livres de plus n'étaient pas supérieurs en taille aux bœufs à cuir mince, ceux-ci, à raison d'un gras plus fini, avaient encore 133 livres en viande, et 176 livres en suif de plus que les autres.

Cependant il ne faudrait pas confondre l'épaisseur de la peau avec la rigidité de son tissu. C'est surtout cette dernière propriété qui est incompatible avec la disposition qui résulte d'une grande aptitude à l'engraissement. On rencontre tous les jours des sujets très-faciles à engraisser, dont la peau est épaisse; mais elle est alors moelleuse, élastique et recouverte d'un poil qui ne manque pas de finesse.

Taille. — Pendant longtemps on a considéré les animaux de la plus haute taille comme les plus avantageux, à cause du prix élevé qu'on en retire au moment de la vente. Mais à mesure qu'on s'est habitué à mieux compter en agriculture, on est revenu de cette erreur, et la généralité des engraisseurs estime, aujourd'hui, que la comparaison du prix de revient à celui des produits n'est pas toujours favorable aux sujets de la plus forte corpulence. Pour se faire une idée de l'influence de la taille sur les résultats économiques de l'engraissement, il faut avoir égard à la quantité des aliments consommés, aux produits obtenus, et aux moyens qu'on a de nourrir les animaux.

Rapport des aliments consommés aux produits obtenus. — M. le professeur Alibert, dans un savant mémoire publié en 1855, cherche à établir que les animaux les plus pesants et les plus volumineux sont ceux qui consomment relativement le moins. Pour démontrer l'exactitude de cette loi, il se fonde sur ses propres expériences et sur celles d'habiles expérimentateurs, tels que: MM. Boussingault, Weckherlin, Mathis, etc., qui font autorité dans la science.

M. Boussingault a observé que, parmi ses vaches de la grande race de Simmenthal, la plus grande, pesant 811 kil., était nourrie avec

1 kil. 85, équivalent en foin pour 100 kil. de son poids vivant; les moyennes, pesant 680 kil., avec la ration de 2 kil.25 p. 0/0; les petites, pesant 550 kil., avec 2 kil.75 p. 0/0. Les jeunes bêtes du poids de 95 à 169 kil., avec une ration de 5 kil. 12; et enfin, que la ration des veaux du poids de 60 kil. ne pouvait être évaluée à moins de 6 kil.70 p. 0/0.

M. Weckherlin, directeur de l'Institut agronomique d'Hohenhein en Wurtemberg, a déterminé de la manière suivante la ration consommée par des vaches de différents poids et observées pendant plusieurs années.

Vaches Schwitz	pesant 750 kil.	1	92
hollandaises . . . . . :	730 kil.	2	11
York, Durham, hongroises,			
Suffolk	de 550 à 650 kil.	2	16
Devon, Haller, normandes, etc.,	de 450 à 500 kil.	2	45

M. Mathis rapporte qu'à Grand-Jouan des vaches bretonnes du poids de 250 kil. n'étaient rassasiées qu'avec une ration de 5 kil. 61.

D'après M. Alibert, à Grignon, les vaches de la race de Schwitz, du poids de 550 à 750 kil., étaient bien nourries avec une ration de 2 kil. p. 0/0.

Enfin le même expérimentateur a pu se convaincre que les petites bretonnes de la race d'Auray, du poids de 200 kil., exigeaient une ration de 4 kil. p. 0/0.

L'inverse proportionnalité de la ration au poids devient plus évidente quand on compare entre eux des animaux de différentes espèces. Il résulte des nombreuses expériences du même auteur, que le rapport des aliments consommés au poids des animaux augmente suivant une progression dont la rapidité est d'autant plus grande que ce poids devient moindre. Ainsi, tandis qu'un porc de 28 kil. exige une ration de 6,17, un lapin de 5 kil. consomme 8 p. 0/0, un cobaie de 700 grammes, 12 p. 0/0, un pigeon de 450 grammes, 16 p. 0/0, une souris de 15 grammes, 60 p. 0/0, et un 10 grammes 65 p. 0/0.

Ces faits, groupés avec beaucoup de soin par l'auteur du mémoire où nous les avons puisés, sont la manifestation d'une loi naturelle. Mais cette loi est elle-même dominée par une autre loi physiologique qui l'explique et la confirme. Lorsqu'on étudie les phénomènes biologiques dans les différentes espèces, et, dans une même espèce, chez des sujets de différent volume et à divers degrés de développement, on constate que les actes vitaux s'accomplissent avec d'autant plus de rapidité que les espèces sont plus petites et les individus de taille moins élevée.

La respiration, en effet, qui est une des fonctions les plus importantes de l'organisme, est plus fréquente chez le lapin, le chien, le porc, etc., que chez les grandes espèces ; et dans une même espèce, celle du bœuf, par exemple, plus fréquente chez le veau que chez l'animal adulte, chez les petites races, comme la bretonne, que dans les plus grandes. Il en est de même de la circulation; tandis que le pouls donne 36 à 40 pulsations chez un bœuf adulte du poids de 600 kilogr., il en donne 60 à 65 chez un autre de 200 kilogr., et 70 à 80 chez une génisse de 50 à 100 kilogr. Un mouton de 40 kil. donne 70 pulsations, tandis qu'un autre de 25 kilogr. en fournit 76. Enfin, chez les chiens de 10 à 25 kilogr. on compte 90 à 100 pulsations, et chez un lapin de 2 kilogr. de 100 à 125.

Il est probable encore que la production du calorique, et, par conséquent, les phénomènes intimes de l'acte respiratoire qui en sont la source, ont plus d'activité chez les petits animaux que chez les grands, parce qu'on sait, d'après une loi bien connue en physique, que le refroidissement des corps est d'autant plus rapide qu'ils sont moins volumineux.

Et enfin, il est bon de noter que la suractivité des fonctions semble tenir sous sa dépendance, d'une manière générale, la durée de la vie. Ce sont, en effet, les sujets des plus grandes espèces dont l'existence à le plus de durée, et ceux des plus petites espèces qui vivent le moins longtemps.

Ce surcroit d'activité dans l'accomplissement des fonctions et dans le mouvement général de la vie, est la véritable cause de l'accroissement de la consommation chez les animaux qui ont un moindre poids comparativement à d'autres. Il est naturel de penser, en effet, qu'une augmentation dans la rapidité du tourbillon vital, comme l'appelait Bichat, le surcroît d'intensité de la combustion pulmonaire, en occasionnant de plus fortes déperditions, augmente la puissance destructive de l'organisme, et nécessite par conséquent l'emploi d'une plus grande quantité d'éléments réparateurs, que les aliments seuls sont susceptibles de fournir.

Mais, de ce que les petites races consomment davantage, faut-il en induire qu'elles sont moins productives que les grandes? Ce serait là une grave erreur, dont l'adoption pourrait avoir dans la pratique des conséquences fâcheuses. Si chez elles tous les mouvements fonctionnels sont plus énergiques, si les aliments sont plus promptement élaborés, il y a lieu de croire aussi que la nutrition est plus active et que la formation de la chair et de la graisse s'effectue dans un rapport directement proportionnel.

Ce principe, du reste, est confirmé par l'observation directe : les animaux des petites espèces et des petites races, dont les fonctions jouissent d'une plus grande activité, dont la vie a moins de durée, ne sont-ils pas ceux qui s'accroissent le plus rapidement?

Les sujets à poitrine ample, dont la respiration s'exécute avec toute sa plénitude d'action; chez lesquels, par conséquent, la puissance destructive est portée à un plus haut degré, ne s'engraissent-ils pas en moins de temps et d'une manière plus complète?

On sait qu'un veau augmente pendant l'allaitement de 1 kilogr. par jour, alors qu'il reçoit une ration d'environ 8 p. 0/0 de son poids, tandis qu'il ne s'accroît plus que 1/2 kilogr. lorsque, plus tard, cette ration se trouve réduite à 3 ou 4 p. 0/0.

M. Alibert a calculé exactement la quantité de nourriture ingérée par des porcs, des dindons, des poules, et en comparant la ration de ces animaux aux produits, il a trouvé que les sujets soumis à l'expérience, quoique consommant proportionnellement deux, trois, et quatre fois plus que le bœuf, produisaient, comme lui, 1 kilogr. de viande pour 10 ou 11 kilogr. équivalent en foin. Mais en dehors de ces faits, nous pouvons par le raisonnement établir la preuve de l'accroissement des animaux en raison directe de la ration consommée. Pour mieux nous faire comprendre, prenons pour exemple deux des sujets dont les rations ont été déterminées dans les expériences rapportées plus haut. Nous avons vu qu'une vache de Simenthal, pesant 811 kilogr., consommait d'après l'observation de M. Boussingault, 1 kil.85 p. 0/0, soit 2 kilogr., pour adopter un chiffre rond : tandis qu'une vache bretonne, du poids de 200 kilogr. consommait 4 p. 0/0 (Alibert), c'est-à-dire le double.

Nous verrons plus loin que la ration complète des animaux se décompose en deux parties : l'une, la ration d'entretien, qui représente la quantité d'aliments nécessaires à l'entretien du corps; l'autre, la ration de production, qui fournit les matériaux utiles à l'accroissement du sujet, à la formation de la graisse du lait, etc. Il résulte des expériences de M. Névière et de celles de M. Riedesel, habile cultivateur allemand, que ces deux parties de la ration complète sont égales, c'est-à-dire que la moitié de celle-ci constitue la ration d'entretien et l'autre la ration de production, lorsque les sujets sont nourris à satiété. Or, si le principe émis par ces deux expérimentateurs est vrai, la ration de production de la vache de 800 kil., sera de 1 p. 0/0 sa ration complète étant de 2 p. 0/0, tandis que celle de la vache bretonne sera de 2 p. 0/0 cent, sa ration complète étant de 4 p. 0/0 ; c'est-à-dire que le rapport entre les rations de production des deux animaux que nous avons pris pour exemple, et partant entre les produits obtenus, est le même que celui qui existe entre leur ration complète.

Dans le premier cas, en adoptant toujours les chiffres posés plus haut, le sujet de 800 kilogr. à raison de 2 p. 0/0 consommera par jour 16 kilogr. de foin ou son équivalent, et 10 kilogr. en sus de la ration d'entretien produisant 1 kilogr. de viande, il s'accroîtra quotidiennement de 0,800 grammes. Pour obtenir une augmentation de 100 kilogr. il lui faudra un laps de temps de 125 jours.

Dans le deuxième cas, un bœuf de 200 kilogr. consommant une ration de 4 p. 0/0, c'est-à-dire 8 kilogr. par jour, produira 400 grammes journellement, ou 50 kilogr. de viande dans le même espace de temps. Deux bœufs, pesant ensemble 400 kilogr. ou la moitié moins, produiront donc la même quantité de viande 100 kil. dans le même temps, et ils auront consommé la même quantité de fourrage.

Mais s'ils sont arrivés aux mêmes résultats sous le rapport des produits, des fourrages consommés et du temps employé, nous ferons observer qu'au point de vue économique il y a entre eux et l'animal de 800 kilogr. une différence à leur avantage. En premier lieu, deux bœufs de 200 kilogr. chacun représentent un capital moins fort. En second lieu, la formation de 100 kilogr. de viande suppose chez les premiers un accroissement de 25 p. 0/0 et chez le deuxième un accroissement seulement de 12 kilog. 500 grammes p. 0/0 ; les uns auront donc atteint les dernières limites du fin gras, que l'autre ne sera qu'en chair, ou dans un état de graisse peu avancé.

Sans doute nous n'accordons pas à ces chiffres plus de valeur qu'ils n'en ont réellement ; ils ne sont pour nous que les termes généraux d'un problème dont la solution rigoureuse appartient surtout à l'expérience directe. Leur exactitude cependant nous semble suffisante pour nous permettre d'en tirer quelques déductions économiques très-importantes. Ainsi, il nous paraît rationnel d'admettre que si les animaux de petite taille sont plus exigeants que ceux de grande taille, ils donnent aussi plus de produits. Que si ces produits sont, comme il y a lieu de le croire, proportionnels à la ration consommée, leur entretien à l'étable est plus avantageux, parce que, tout en représentant un capital moins fort, ils donnent relativement la même quantité de viande, sont plus vite engraissés, offrent moins de chances de perte, et enfin parce que la nutrition étant chez eux plus active, et les forces digestives plus puissantes, il leur est possible d'utiliser des aliments de médiocre qualité qui ne pourraient convenir aux autres.

Ces avantages sont suffisants pour motiver la préférence que plusieurs cultivateurs accordent aujourd'hui aux petites races. Mais à ceux-là on peut en ajouter d'autres qui ne méritent pas moins de fixer l'attention. Ainsi, les petits animaux sont d'une vente plus facile, parce qu'ils conviennent mieux à la consommation générale; ils offrent un plus grand nombre de sujets de choix; leur croissance et leur développement sont plus précoces; ils donnent proportionnellement plus de viande nette, celle-ci est plus fine, plus savoureuse, mieux mélangée de graisse, et enfin elles peuvent prospérer dans toutes les conditions où il est possible d'engraisser des bœufs.

Cependant, malgré les considérations qui précèdent, il ne faudrait pas pousser la préférence des petites races au delà d'une certaine limite, parce qu'en multipliant trop le nombre de têtes de bétail, on serait obligé d'accroître les frais de logement, et d'augmenter le personnel de la ferme pour les soigner. Il peut même y avoir convenance de choisir des animaux volumineux, lorsque avec des fourrages abondants et riches, on ne dispose que d'un logement restreint et d'un petit nombre de bras.

Si les animaux doivent être engraissés au pâturage, il faut tenir compte de la fertilité des terres : sur les prés plantureux, sur les riches embouches, il vaut mieux mettre des sujets de haute taille, parce que, consommant davantage, il sera possible d'en diminuer le nombre; il y aura ainsi moins de perte occasionnée par le piétinement, et moins de fourrage gaspillé. Au contraire, sur les prés de fertilité médiocre, les petites races y seront mieux appropriées. Il faut, dans tous ces cas, et comme règle absolue, que les animaux soumis à la dépaissance puissent trouver, dans la durée ordinaire d'un repas, la quantité d'aliments qui leur est nécessaire. Si cette condition n'est pas remplie, ils se fatiguent pour ramasser une ration souvent incomplète, et qui peut être entièrement perdue pour le cultivateur, lorsqu'elle est toute nécessaire à l'entretien du corps.

3. — Circonstances à prendre en considération dans l'engraissement du bétail.

TEMPÉRAMENT. — Une heureuse alliance du tempérament sanguin et du tempérament lymphatique est la meilleure condition à rechercher pour les individus destinés à l'engraissement. Les sujets qui la présentent doivent avoir des formes arrondies sans être trop empâtées, un tissu cellulaire abondant sans être trop lâche, une certaine prédominance des réseaux veineux et lymphatiques; ils doivent être portés au repos sans être trop mous, avoir un caractère doux et se laisser manier facilement. Ceux qui sont trop fortement sanguins ou nerveux font des déperditions qui nuisent à l'accumulation de la graisse. Ceux qui sont mous, lymphatiques, qui ont un abdomen volumineux, une ossature forte, une peau grossière, ne donnent que des produits inférieurs.

AGE. — L'âge des animaux mérite surtout d'être pris en considération. Il ne faut pas oublier que l'engraissement a pour but de produire, au plus bas prix, le plus de viande et de suif, pendant le plus court espace de temps possible. Il est sous ce rapport des différences très-grandes entre les diverses races. Les unes ont la faculté de prendre la graisse à tout âge, les autres ne peuvent la prendre avant un âge déterminé, qui varie suivant leur précocité. L'on peut poser cependant, en règle générale, que l'âge adulte, c'est-à-dire le moment où les animaux ont acquis leur complet développement, est l'époque la plus favorable à l'engraissement. Alors toutes les fonctions jouissent de leur plénitude d'action; les sujets sont vigoureux, mangent beaucoup, digèrent bien, et tous les aliments ingérés sont employés à former de la graisse et de la viande. A un âge moins avancé, pendant la croissance, une partie des principes nutritifs est employée à nourrir les os, le poumon, le foie, la rate, etc., et se trouve détournée de sa destination principale, qui doit être la création en grande quantité du tissu adipeux. Les races précoces paraissent pourtant faire exception; chez elles le développement plus hâtif, la grande activité dont jouissent les fonctions digestives, peuvent faire produire à la nourriture consommée un résultat qui compense les pertes occasionnées par la formation des parties qui ont le moins de valeur.

Lorsqu'ils sont trop avancés en âge, les organes digestifs s'affaiblissent, les chairs se condensent, et se laissent plus difficilement pénétrer par la graisse. Ils payent alors rarement leur nourriture.

Il n'est pas très-avantageux de laisser dépasser aux bœufs l'âge de huit ou dix ans, à moins que le travail ne soit leur destination exclusive.

Il peut y avoir avantage à engraisser les élèves avant l'âge adulte.

C'est lorsque le cultivateur fait naître chez lui. Dans ce cas, il trouvera d'autant plus de profit qu'il aura moins à dépenser de ration d'entretien et que les animaux seront arrivés plus promptement à l'abattoir. C'est ce qui explique les efforts des fermiers pour donner de la précocité à leur race dans les pays où cette combinaison est possible. Malheureusement en France, dans les contrées où l'on n'entretient les bêtes bovines que pour les engraisser, il y a plus d'intérêt à acheter des animaux formés qu'à en élever, et c'est là peut-être l'un des plus grands obstacles au perfectionnement de nos races au point de vue de la boucherie.

État de graisse. — Il est rarement utile d'acheter des animaux très-maigres pour les engraisser; cette condition est surtout défavorable lorsque la maigreur est le résultat des privations imposées dès le jeune âge. Les organes manquent alors de développement, ne remplissent plus le but qui leur était assigné; le tissu cellulaire est plus condensé, la nutrition languissante, et la perte de fourrage considérable, parce qu'il n'est plus assimilé convenablement. Il en est de même lorsque cet état est le résultat d'une maladie lente, d'une fièvre de consomption, de la phthisie tuberculeuse, de la pourriture, d'une hydropisie, d'une fistule, etc. Comme ces maladies sont difficiles à reconnaître quand elles ne sont pas très-avancées il convient de se méfier d'un animal très-maigre lorsque l'on n'en connaît pas la provenance. Cependant on peut tenter l'engraissement des sujets maigres quand on connaît les habitudes du vendeur, quand on sait que les animaux arrivés à l'âge adulte n'ont dépéri que par excès de travail ou par le fait d'une mauvaise nourriture. Parfois ce sont ceux qui donnent le plus de profit lorsque les fourrages dont on dispose sont de médiocre qualité; mais si, au contraire, on peut mettre à la disposition des animaux des fourrages très-alibiles, des grains, des graines, etc., il est préférable de les choisir en chair, c'est-à-dire dans un état moyen d'embonpoint. Du reste, ici il n'y a pas de règles invariables; il faut tenir compte surtout des circonstances locales, et la pratique seule peut mettre l'engraisseur à même de les apprécier.

État de santé. — Il est de la plus haute importance de s'assurer si les animaux jouissent d'une bonne santé. On aura cette conviction lorsqu'ils présenteront les conditions suivantes : peau

souple, moelleuse, se plissant facilement; poil lustré; flexibilité de
la colonne vertébrale par la pression des doigts sur les lombes; œil
beau, expressif, mobile : mufle frais et humide, muqueuses rosées;
la toux, provoquée par la pression de la gorge, naturelle et facile;
la démarche assurée, les mouvements s'effectuant avec aisance;
la tête portée haut: Si, par contre, la peau est adhérente, sèche et
terreuse, le poil piqué et terne, l'épine du dos inflexible, ou si
elle provoque un soupir lorsqu'elle se fléchit; si les muqueuses
sont pâles, les yeux fixes, enfoncés, d'un blanc mat ou jaunâtre,
la toux petite, courte et quinteuse, les mouvements nonchalants,
la tête basse, le mufle sec et chaud ; si, surtout, avec ce cortége de
symptômes, ou quelques-uns seulement, on reconnaît l'existence
d'une diarrhée chronique, on peut être assuré que l'animal est
atteint d'une maladie grave, et il faut le repousser. Il est également d'une bonne pratique de ne pas terminer l'engraissement des
bêtes que l'on possède, lorsqu'on s'aperçoit que, sans paraître malades, elles profitent mal des aliments qu'on leur donne.

SEXE. — Dans le département du Nord, aux environs des grandes
villes, et dans tous les pays où il y a convenance de produire beaucoup de lait, on entretient surtout les vaches en vue de cette destination ; ce n'est que lorsqu'elles ont vieilli ou qu'elles ont perdu
leur faculté lactifère, qu'on les engraisse pour les livrer au boucher.
Dans ces conditions, on le comprend, leurs chairs sont inférieures,
et méritent d'être considérées, à juste titre, comme viande de basse
boucherie.

Mais de ce qu'un certain nombre de vaches sont mal engraissées,
à un âge trop avancé et après un grand nombre de gestations, ou
même ne le sont pas du tout, il ne faudrait pas croire que la viande
de toutes les vaches, en général, justifie la réprobation dont elle est
l'objet. Lorsqu'elles sont engraissées pendant l'âge adulte, après les
premières portées, lorsque d'ailleurs elles sont vigoureuses et bien
portantes, elles possèdent à un plus haut degré que le bœuf l'aptitude
à prendre la graisse. Leur chair est plus fine et de qualité supérieure.
Dans toutes les espèces, en effet, les femelles ne jouissent-elles pas,
à conditions égales, de la faculté de s'entretenir plus facilement que
les mâles dans un état satisfaisant d'embonpoint, quand elles ne
sont pas épuisées par des travaux au-dessus de leurs forces? Cette
propriété s'explique par la douceur de leur caractère, la pro-
pension au repos, la prédominance des vaisseaux blancs et du ré-
seau veineux, nécessitée par les besoins des sécrétions et qui les
rend plus molles et plus lymphatiques.

Cependant, malgré leur plus grande disposition à s'engraisser, elles sont rarement préférées lorsque l'opération de l'engraissement est le but exclusif de l'agriculture, parce que ne pouvant être châtrées sans danger, comme les mâles, leurs organes génitaux sont d'autant plus excités, d'autant plus actifs, qu'elles sont mieux nourries. Et cet état de surexcitation, entretenu par la fréquence des chaleurs, les empêche de profiter d'une manière convenable de la nourriture qu'on leur distribue. On peut bien éviter ces inconvénients en les faisant féconder, mais, outre l'incertitude qui existe toujours sur les résultats de la saillie, c'est un embarras dont les engraisseurs savent tenir compte. Il est pourtant des cas où il peut être utile d'engraisser des vaches, c'est lorsqu'on veut utiliser pour le pâturage des prairies peu fertiles, ou des embouches qui ne fournissent qu'un fourrage inférieur, parce qu'ayant la faculté de s'entretenir plus facilement que les mâles, elles peuvent prospérer là où des bœufs auraient de la peine à vivre. Mais alors on met avec elles un taureau qui les féconde à mesure qu'elles viennent en chaleur, et on les vend pour la boucherie avant que la plénitude soit avancée, car vers la fin de la gestation elles sont épuisées, fatiguées par le fœtus, et finissent par maigrir.

On n'engraisse guère les vaches par la stabulation permanente, que lorsqu'elles ont terminé leur carrière comme laitières, ou qu'elles ne donnent pas assez de lait pour payer leur nourriture; dans ce cas on attend la fin de la lactation pour les faire saillir et on les soumet ensuite au régime de l'engraissement.

4. — Castration.

La castration est indispensable pour les bêtes d'engrais; ses effets sont d'autant plus prononcés qu'elle a été pratiquée à un âge moins avancé et d'une manière plus complète.

Les animaux entiers sont vifs, ardents, difficiles à manier; ils éprouvent le besoin de se mouvoir et sont souvent dans un état de surexcitation provoquée par le désir du rapprochement sexuel. Chez eux le système musculaire se développe fortement; ils prennent le tempérament athlétique, et sont, par conséquent, plus aptes aux travaux qui exigent de grands efforts musculaires qu'à la production de la graisse. Condamnés au repos, ils s'agitent, font de grandes déperditions et profitent mal de la nourriture. Leur viande, surtout lorsqu'ils ont dépassé l'âge adulte, est sèche, dure, d'un goût désagréable. Elle est rouge, à grain grossier et d'une vente difficile à l'étal.

INFLUENCE DE LA CASTRATION. — En supprimant l'action des organes génitaux, l'émusculation transformé, d'une manière radicale, tout l'organisme : le tempérament, la constitution, les formes, le caractère et les aptitudes des animaux se trouvent modifiés: Ils deviennent mous, lympathiques et portés au repos. Lorsque l'opération a été pratiquée dès le jeune âge, la tête, l'encolure, les épaules ne prennent pas ce développement exagéré qui caractérise le taureau. Les muscles sont moins saillants, ils se trouvent enveloppés et pénétrés par une masse de tissu cellulaire plus considérable; leurs fibres sont plus blanches, plus ténues, plus délicates. Les sujets offrent moins de résistance à la fatigue et aux causes morbides; mais ce défaut est largement compensé par une plus grande docilité de caractère et un accroissement considérable de la faculté d'engraisser.

Lorsque l'opération est pratiquée sur des taureaux de trois à quatre ans, lorsque déjà ceux-ci ont été employés comme reproducteurs, il ne s'opère plus des modifications aussi profondes. Ils conservent encore pendant longtemps des formes masculines. On ne remarque des changements marqués dans leur tempérament, leurs aptitudes et les qualités de leur viande, qu'après un temps d'autant plus long qu'ils sont arrivés à un âge plus avancé.

L'époque moyenne où l'on pratique l'opération est celle de dix-huit mois à deux ans. Les Anglais et quelques Français font châtrer les veaux encore à la mamelle; à cet âge les animaux ne souffrent pas de l'opération, leur développement est plus hâtif; ils se rapprochent davantage des formes et du caractère des femelles.

Lorsque les taureaux sont déjà arrivés à l'âge de quatre ou cinq ans, il n'est pas avantageux de les soumettre à l'engraissement immédiatement après l'opération. Il convient mieux de les vendre que de les faire châtrer, si des considérations économiques s'opposent à ce qu'on les puisse garder jusqu'à ce que la castration ait produit ses effets.

DIVERS PROCÉDÉS DE CASTRATION. — Plusieurs procédés sont mis en usage pour détruire l'action des organes génitaux chez les mâles. On peut les réunir tous en deux groupes différents. Les uns, consistent à déterminer l'atrophie des testicules en provoquant une inflammation artificielle sur les cordons spermatiques : c'est le bistournage et le martelage. Les autres ont pour effet d'opérer l'ablation des testicules, au moyen des casseaux, de la ligature, de la cautérisation, de la torsion, de l'excision.

L'opération du bistournage est celle qui se pratique le plus généralement dans les départements du centre et du midi de la France. Pour les animaux de travail elle a un avantage sur les autres procédés, en ce que, tout en réduisant les organes génitaux à l'inaction, elle ne détruit pas entièrement leurs relations sympathiques avec le reste de l'organisme. Les sujets qui l'ont subie conservent, en partie les attributs de leur sexe ; ils sont relativement plus forts, plus vigoureux et susceptibles d'effectuer encore de pénibles travaux. Mais par cela même elle est vicieuse pour les bêtes d'engrais ; et elle l'est d'autant plus que l'opération ne réussit pas toujours complétement : les testicules restent souvent plus ou moins volumineux, et plusieurs cultivateurs ont l'habitude d'ouvrir les bourses avec un instrument tranchant et d'exciser ce qui reste des glandes séminales, qu'ils appellent alors du nom de Marrons. Lorsqu'on choisit des bêtes pour l'engrais il est donc utile de s'assurer si les testicules sont complétement atrophiés. S'ils présentent encore le volume d'un œuf de poule ou du poing, il y a convenance d'en faire l'ablation. Dans tous les cas, à conditions égales, il vaut toujours mieux donner la préférence aux animaux complétement privés de testicules, quelle que soit la méthode employée. On est sûr, dans le dernier cas, que la castration a produit tout l'effet qu'on devait en attendre, tandis que par la méthode du bistournage on n'a pas toujours les mêmes garanties.

Castration des femelles. — On a conseillé, dans ces derniers temps, la castration des femelles pour favoriser leur engraissement. Les avantages que l'on attribue à cette pratique ne sont pas suffisamment démontrés pour lui permettre de se généraliser rapidement. S'il est vrai, en effet, que les vaches auxquelles on a extirpé les ovaires s'engraissent mieux et plus vite, il est certain aussi qu'on arrive au même résultat en les faisant féconder. Et il n'est pas prouvé que la perte de nourriture occasionnée par la formation du fœtus soit plus considérable que celle que nécessite l'état maladif qui résulte des suites de l'opération. Il n'est pas prouvé non plus que la viande des vaches châtrées soit meilleure que celle des autres lorsqu'elles ont été abattues en temps opportun.

La castration offre des avantages incontestables lorsqu'elle est pratiquée sur des vaches taurélières (atteintes de nymphomanie). La maladie ayant pour effet d'empêcher la fécondation, l'ablation des ovaires est le seul moyen, à la fois, de les guérir et de leur donner la faculté de prendre la graisse. Cependant il ne faut pas oublier que chez les femelles qui sont dans cet état, les organes génitaux étant le siège d'un afflux congestionnel, l'hémorrhagie est toujours plus considérable et l'opération plus dangereuse que lorsqu'elles sont dans leur état normal.

CHAPITRE II

DES ÉTABLES

1. — Considérations générales.

Lorsque l'engraisseur a choisi convenablement les animaux, il n'a rempli qu'une partie de sa tâche. Il faut encore qu'il les place dans des conditions telles que les organes de la vie de relation puissent être condamnés au repos le plus complet, pour que les forces de l'organisme soient toutes employées à l'accomplissement des fonctions de la vie végétative.

L'on sait que la nutrition est constituée par deux mouvements opposés : l'un de composition, l'autre de décomposition. L'exercice, l'agitation, toutes les causes susceptibles d'accroître le travail des organes de la locomotion et des sens, les efforts musculaires, une vive lumière, le bruit; tout ce qui occasionne un malaise quelconque, les variations brusques de température, un défaut de proportion dans les éléments constitutifs de l'air, une altération de l'atmosphère par le mélange de gaz délétères, favorise le mouvement de décomposition. Au contraire, le repos, le bien-être, l'éloignement de toutes les causes d'excitation, une température douce et uniforme, sont favorables au travail d'assimilation.

Les animaux qui jouissent d'une quiétude parfaite, qui prennent tranquillement leur repas, qui peuvent se coucher pendant l'acte de la digestion, sans être troublés soit par le bruit extérieur, soit par les mouches, soit par toute autre cause, sont dans la position la plus favorable à l'engraissement; l'économie fait alors peu de déperditions. La digestion se fait bien, le chyle est créé en abondance, la circulation est régulière, la respiration est aisée, l'hématose complète; le sang devient riche et abondant et la nutrition est très-active.

Les étables, désignées plus particulièrement sous le nom de bouveries, sont donc appelées à jouer un rôle très-important. Elles doivent être disposées de manière à procurer aux animaux le bien-être
qui leur est nécessaire ; à les préserver de toutes les causes d'excitation qui pourraient déranger le travail de la nutrition ; à pouvoir
régler le renouvellement de l'air et la température, à faciliter le
service et à éloigner toutes les causes qui, de près ou de loin, pourraient occasionner des maladies, auxquelles sont sujets les animaux
soumis à l'engraissement. A ces divers points de vue, l'emplacement, l'aération, les conditions que doivent présenter les murs,
l'aire, la toiture, les dimensions, les ouvertures, l'aménagement
intérieur, les litières, doivent être étudiés avec soin.

La plupart des constructions rurales sont défectueuses. Elles sont
souvent mal exposées, basses, humides et surtout mal aérées. Lorsqu'on en possède en quantité suffisante pour les besoins de la ferme,
plutôt que d'en élever de nouvelles, il vaut mieux assainir celles qui
existent déjà en pratiquant des ouvertures, en exhaussant le sol si
elles sont humides, en réservant plus d'espace pour chaque animal,
en plaçant des crèches et des râteliers plus commodes, etc. Mais si
l'on est obligé d'ériger de nouveaux bâtiments pour loger les bêtes
d'engrais, il y a tout avantage à se conformer aux règles d'une bonne
architecture, art qui a fait dernièrement, dans les campagnes, de
notables et utiles progrès.

2. — Choix de l'emplacement et disposition de l'aire des étables.

EMPLACEMENT. — Le premier point à examiner consiste à choisir
la place la plus propice qu'il convient d'assigner aux bouveries. Elles
doivent être, autant que possible indépendantes des habitations de
l'homme, autant pour préserver ce dernier des émanations gazeuses
qui s'exhalent des fumiers, que pour éviter des incendies. Il est
utile qu'elles soient construites loin des grandes routes, des chutes
d'eau, des usines, des ateliers. Il convient, cependant, qu'elles
ne soient pas trop éloignées du corps de la ferme, afin que la
surveillance en soit facile. Il faut tenir compte de l'influence délétère que peuvent exercer un marais, un égout, un routoir, une
rizière, etc.; profiter des avantages qui doivent résulter du voisinage
d'une colline, d'un monticule, d'une forêt, d'une haie d'arbres verts;
lorsqu'ils sont placés de manière à couper les vents qui règnent dans
la contrée.

Un sol siliceux ou calcaire vaut mieux qu'un sol argileux, toujours froid et humide. Enfin, il est d'une bonne économie que les étables soient placées près des pâturages et des abreuvoirs; on évite ainsi une perte de temps et de fumier, et pour les animaux des fatigues qui sont surtout nuisibles aux bêtes d'engrais.

AIRE DES ÉTABLES. — L'aire des étables mérite une attention particulière; lorsqu'elle n'est pas disposée convenablement, elle peut être une cause d'insalubrité. Il est nécessaire qu'elle soit élevée au niveau du sol environnant pour préserver les animaux de l'humidité, de la fraîcheur, qui sont souvent la cause de claudications difficiles à guérir. Cette condition est encore utile pour empêcher l'eau des pluies, des neiges, etc., d'y pénétrer, pour faciliter l'écoulement des urines, des eaux de lavage, et la construction des fosses à purin. Mais elle est surtout indispensable si l'aire repose sur un terroir argileux, ou sur un sol rendu humide par une nappe d'eau souterraine. Dans ce cas il convient d'entourer la bouverie de fossés d'écoulement, ou d'en drainer toute la superficie, et d'en exhausser le niveau au moyen d'une couche de 20 à 30 centimètres de gravier ou de mâchefer.

Le sol des bouveries est tantôt incliné, tantôt horizontal. On le dispose horizontalement lorsque les bœufs doivent être placés dans des loges, et recevoir une litière abondante. Dans le cas contraire, il est incliné suivant deux plans différents; l'un est dirigée de la crèche vers le train postérieur des animaux; l'autre, d'une extrémité à l'autre présente une rigole destinée à recevoir les urines et à les conduire au dehors.

L'aire des étables doit être unie, non glissante, imperméable. Pour la mettre dans ces conditions plusieurs modes sont mis en usage. Le plus souvent, surtout dans les petites exploitations, on se contente d'égaliser la terre qui forme le sol, de la battre avec la dame pour en faire une croûte solide. Quelquefois on recouvre la terre ordinaire avec une couche de terre glaise, ou de plâtre que l'on dispose de la même manière. Mais ces matières ont l'inconvénient de se ramollir sous l'influence de l'humidité, de se laisser pénétrer par les urines et de dégager des gaz insalubres. Il faut de temps en temps les renouveler. Celles qui ont déjà servi forment d'excellents engrais.

Le pavage en cailloux est aussi fréquemment employé. Lorsqu'il est bien fait il offre des avantages réels; mais lorsqu'il est fait avec des cailloux inégaux, ceux-ci présentent entre eux des interstices, dans lesquels séjournent l'urine et le fumier et qui répandent en-

suite des émanations insalubres. Les inégalités du sol faussent les
les aplombs, fatiguent les animaux et les mettent dans un état de
gène qui nuit aux progrès de l'engraissement.

Dans les pays de montagnes où le bois est à bas prix, on emploie
quelquefois pour les bouveries des plateaux, des madriers posés à
plat ou des liteaux posés de champ. Le bois, mauvais conducteur du
calorique, contribue à entretenir dans les étables habitées une température douce, très-favorable aux bêtes d'engrais. Cependant il présente des inconvénients qui méritent d'être signalés : Le bois dur
devient glissant lorsqu'il est mouillé et peut occasionner des accidents. Le bois blanc s'use vite et se laisse pénétrer par les liquides
animaux, dont la décomposition donne naissance à des vapeurs
insalubres, et, lorsque les plateaux sont mal joints, ils livrent
passage aux urines qui séjournent sous les planches, dégagent une
odeur infecte, et peuvent être la cause de graves maladies.

D'autres matières sont aussi employées pour le pavage des étables
ce sont : les dalles, les briques, l'asphalte. Mais elles sont d'un prix
trop élevé pour entrer dans la construction des habitations destinées
aux animaux de l'espèce bovine. On ne s'en sert que pour les écuries
et surtout pour celles qui doivent servir à loger des chevaux de
luxe.

3. — Aération des étables.

La question qui doit surtout nous préoccuper ici est celle des
dimensions de l'étable. Si l'on devait loger les animaux dans des
étables complétement fermées et dont l'air ne put être renouvelé
qu'une fois par jour, il faudrait donner à celles-ci des dimensions très-grandes. On s'en fera une idée par la quantité de ce
fluide que la respiration d'un seul animal est capable d'altérer
dans l'espace de vingt-quatre heures.

Quantité d'air nécessaire aux animaux. — M. Magne a cherché à
la déterminer expérimentalement. En remplissant d'eau les bronches sur le cadavre d'un cheval de moyenne taille; il a constaté
qu'elles pouvaient en contenir 25 litres.

Jugeant ensuite par induction, et d'après des expériences faites sur
l'homme, il a estimé au cinquième de cette capacité le volume d'air
que ce cheval vivant aurait pu introduire dans son poumon, à chaque
inspiration, soit 5 litres, ou 80 litres par minute, 4,800 litres par
heure, 115,200 litres par jour, c'est-à-dire 115 mètres cube environ.

M. Boussingault est arrivé par une autre voie à peu près au même chiffre. Il a analysé, d'une part, les aliments consommés en 24 heures par un cheval et une vache; d'autre part, les déjections et les sécrétions. La différence des résultats obtenus par ces deux analyses lui a révélé une perte de carbone, brûlé par la respiration, capable de fournir 4,584 litres d'acide carbonique : ce qui représente une quantité égale d'oxygène emprunté à l'air. Or, ce gaz n'entrant dans la composition de l'air que dans la proportion de 21 p. 100 et ce dernier ne fournissant à la respiration que 1/5 de son oxygène[1], il en résulte que pour produire la quantité d'acide carbonique signalée plus haut, il a fallu une consommation de 114,600 l. d'air ou 115 mètres cubes environ.

Nécessité de renouveler l'air des étables. — Mais une masse d'air qui a déjà passé une fois dans le poumon, non-seulement ne contient plus elle-même ses éléments constitutifs en proportion convenable pour entretenir les fonctions vitales; mais, chargée de vapeur d'eau et d'acide carbonique, son mélange avec l'air ambiant resté pur, altère celui-ci dans une proportion de quatre fois son volume; en sorte que ce ne seront plus 115 mètres cubes qui seront exigés par les besoins de la respiration, mais 575 mètres cubes.

Si nous considérons, en outre, qu'une certaine quantité de l'hydrogène des aliments a dû se combiner avec l'oxygène de l'air; que les gaz qui se dégagent de la surface du corps, des excréments, des produits de secrétion, de la fermentation du fumier, concourent, pour une large part, à l'altération de ce fluide, au lieu de 575 mètres, il nous faudra fixer un chiffre beaucoup plus élevé encore, et nous arriverons à cette conclusion que, dans l'hypothèse où nous nous sommes placés, pour loger un seul cheval ou un seul bœuf, il faudrait construire un véritable édifice.

Cependant, si, au lieu de n'admettre le renouvellement de l'air qu'une fois par jour, nous supposons qu'il se renouvelle deux fois, il ne sera plus besoin que d'un bâtiment de moitié moins grand que le premier. Et les dimensions de ce bâtiment devront successivement décroître à mesure que le renouvellement de l'air s'effectuera un plus grand nombre de fois dans le même laps de temps : soit par exemple, 700 mètres cubes environ, capacité nécessaire dans

----

[1] L'analyse de l'air naturel comparée à celle de l'air qui a déjà servi à la respiration, démontre que ce dernier a perdu de 4 à 5 pour 100 d'oxygène qui ont été remplacés par une égale quantité d'acide carbonique

le premier cas, en tenant compte de toutes les causes d'altération
de l'air ; cette capacité devra être réduite à 350 mètres, si on renouvelle ce fluide toutes les 12 heures. Si on le renouvelle toutes
les 6 heures, elle ne sera plus que de 175 mètres cubes, toutes les
3 heures, 87 mètres, et toutes les heures 29 mètres cubes. Ce sont
là, en effet, les dimensions ordinaires des étables.

Ce n'est donc pas par l'exagération de la grandeur des apparte-
ments qu'il est possible de donner aux animaux la quantité d'air
qui leur est nécessaire ; mais plutôt par une heureuse combinaison de ces dimensions avec un système d'aérage qui permette le
renouvellement de l'air, dans la proportion de 29 mètres cubes par
heure. Il aura plus d'activité dans les étables à dimension trop
étroite, il en aura moins dans celles qui sont vastes.

TEMPÉRATURE DE L'ÉTABLE. — Mais il ne suffit pas d'assurer aux
animaux la quantité d'air qui leur est nécessaire, il faut encore tenir compte de l'influence que la grandeur d'une étable peut exercer
sur la température intérieure, de la commodité du service et enfin,
de toutes les circonstances qui sont de nature à augmenter le bien-
être des animaux. On sait qu'une étable trop grande a pour inconvénient d'être froide en hiver ; une étable trop petite présente le
défaut opposé ; elle est trop chaude surtout en été, et elle implique
la nécessité d'ouvrir un plus grand nombre d'ouvertures et d'établir des courants d'air qui peuvent être nuisibles à la santé.

L'académie des sciences et l'académie de médecine se sont occu-
pées de cette question, il y a une vingtaine d'années, au point de
vue de l'hygiène du cheval. Tandis que le premier de ces deux
corps savants fixait à 50 mètres cubes la capacité d'une écurie,
le second la réduisait à 50 mètres cubes. Cette dissidence s'explique quand on réfléchit que dans une question de cette nature,
les éléments d'appréciation ne reposent pas sur des données précises. Cependant la dernière solution nous paraît plus conforme à
la vérité, parce qu'elle se rapproche davantage des errements de la
pratique. La plupart des étables, en effet, pouvant loger de un à
dix chevaux n'ont pas une capacité plus grande, et les animaux n'y
souffrent ni par le défaut d'air, ni par le manque de chaleur ; ils
sont suffisamment espacés les uns des autres pour qu'ils puissent
se reposer librement. Cependant, dans les écuries plus grandes, le
plafond étant nécessairement plus élevé, on trouve par tête une capacité un peu plus considérable.

OUVERTURES POUR RENOUVELER L'AIR. — BARBACANES, CHEMINÉES D'AP-
PEL. — Du reste, la question de grandeur est secondaire par

rapport à celle des ouvertures. C'est par le nombre et la disposition de celles-ci qu'on assure le renouvellement de l'air, et c'est en les ouvrant ou en les fermant à propos que l'on règle la température intérieure. Nous avons vu que les animaux de grande taille usent de 25 à 30 mètres cubes d'air par heure ; il faut donc qu'une quantité égale d'air pur puisse pénétrer dans l'habitation pour maintenir l'atmosphère intérieure dans un état de salubrité convenable. A cette fin, on pratique au niveau du sol des trous de 20 centimètres au carré, fermés par une planche engagée dans une coulisse, que l'on peut abaisser ou relever à volonté suivant les besoins. Ces ouvertures, désignées sous le nom de barbacanes, aboutissent dans des espèces de tambours ouverts des deux côtés, qui brisent la colonne d'air frais et préviennent les accidents qui pourraient résulter de sa projection sur les membres des animaux les plus rapprochés. Quelquefois ces tambours sont remplacés par une simple planche appuyée contre le mur.

Au plafond, du côté opposé à celui où se trouvent les barbacanes, on perce des ouvertures rondes, ou bien l'on dispose des tuyaux en terre cuite ou en tôle, à forme un peu conique, dont le petit côté s'ouvre au-dessus des toits, si ceux-ci sont situés immédiatement après le plafond. Dans le cas contraire, on pratique des ouvertures au niveau du plafond dans l'épaisseur des murs latéraux et dans une direction oblique de bas en haut, en allant de l'intérieur à l'extérieur. Ce sont les cheminées d'appel destinées à assurer le fonctionnement régulier des barbacanes, en livrant passage à l'air altéré qui a déjà servi à la respiration.

L'action des barbacanes et des cheminées d'appel est facile à comprendre. L'air qui a servi à la respiration, en sortant du poumon se trouve plus chaud que l'air ambiant. Il a par cela même un poids spécifique moindre et il tend à monter vers les régions supérieures et à sortir par les cheminées d'appel. Mais en même temps le vide formé se trouve comblé par l'air frais et plus dense qui pénètre par les barbacanes sous la pression atmosphérique. Ainsi s'établit un mouvement intérieur, un courant qui emporte l'excès de vapeur d'eau, les gaz qui se dégagent du fumier et des excrétions ou qui sont fournis par la respiration elle-même.

Lorsque l'air intérieur est chaud et chargé d'humidité, il arrive que la vapeur d'eau se condense dans les cheminées d'appel en gouttelettes qui retombent sur les animaux. Il est facile de prévenir cet inconvénient en évitant de placer les cheminées d'appel immédiatement au-dessus de l'emplacement occupé par ces derniers.

Fenêtres.— Cependant l'air n'est pas le seul fluide indispensable; la lumière contribue, comme excitant spécial, à assurer l'exercice régulier des fonctions. On la fournit aux animaux en quantité plus ou moins grande, suivant leur destination au moyen des fenêtres. Ces ouvertures, dont la grandeur varie en raison de la grandeur de l'étable, seront disposées de différents côtés, aussi haut que possible, et plutôt larges que longues, avec des fermetures s'ouvrant de haut en bas et disposées de manière qu'elles ne puissent pas s'abaisser complétement, afin d'éviter que l'air froid ne tombe directement sur les animaux. Elles seront garnies de canevas et de paillassons ou de rideaux ; les premiers pour empêcher les insectes d'entrer pendant la saison d'été, les autres pour graduer la lumière.

Elles contribuent, comme les barbacanes et les cheminées d'appel au renouvellement de l'air et à l'assainissement des étables, surtout pendant l'été. Et l'association des unes et des autres constitue un système complet d'aération, dont le fonctionnement plus ou moins actif recevra son opportunité de circonstances fort diverses, telles que : la saison, la direction des vents, la nature des animaux, leur destination, les procédés d'engraissement, et dont l'usage plus ou moins intelligent permettra au nourrisseur, toutes autres circonstances étant égales d'ailleurs, de tirer des fourrages consommés la plus grande somme d'effets utiles.

Ouverture des fenêtres en été et en hiver. — Ainsi, c'est une notion vulgaire que les fenêtres doivent être plus largement ouvertes en été qu'en hiver pendant les jours chauds que pendant les jours froids, parceque l'air intérieur d'une habitation se renouvelle avec d'autant plus de rapidité qu'il y a une différence plus grande entre sa température propre et celle de l'air extérieur. Il est constant que les animaux de l'espèce chevaline ont besoin d'un air plus frais, plus pur, plus souvent renouvelé que le bœuf. Tandis que les premiers consomment ou altèrent 30 mètres cubes d'air par heure, 20 ou 25 mètres cubes suffisent au second. La raison de cette différence résulte de ce que le bœuf, d'un tempérament lymphatique, moins excitable que le cheval, exécute des mouvements plus lents, et fait, par conséquent, des déperditions moins grandes que ce dernier. Elle résulte encore de ce que la nourriture qu'il mange, habituellement plus aqueuse, moins riche en hydrogène et en carbone, use moins d'oxygène.

Il est constant aussi que les bêtes jeunes consomment plus d'air que les bêtes adultes ou vieilles. Il faudra donc, suivant les cas, aérer plus ou moins activement, c'est-à-dire ouvrir plus ou moins les fenêtres et les barbacanes pour laisser pénétrer une colonne d'air en rapport avec les besoins des animaux.

Mais la différence la plus sensible se remarque surtout à propos des bêtes d'engrais lorsqu'elles sont traitées par la stabulation permanente. Ici il ne s'agit plus d'entretenir les animaux dans un état de santé parfaite. Il s'agit d'une santé relative, appropriée au but. Il faut diminuer la force, la vigueur musculaire, développer la tendance à l'obésité, entraver jusqu'à un certain point, les fonctions de la vie de relation au profit des fonctions de la vie végétative, amoindrir l'action de toutes les causes de perte, affaiblir, enfin, l'énergie de la combustion pulmonaire; et, pour obtenir ce résultat, il importe au premier chef, de modifier les qualités de l'air, en le rendant plus chaud, plus humide et quelque peu altéré dans sa composition au moyen d'un renouvellement beaucoup moins fréquent de ce fluide.

Pour bien comprendre toute l'économie de cette pratique, il est nécessaire de connaître les principaux phénomènes auxquels donne lieu le passage de l'air dans le poumon.

Si on soumet celui-ci à l'analyse avant son entrée dans les voies respiratoires et après qu'il en est sorti, on trouve qu'il a subi des modifications notables :

Composé primitivement de 21 pour cent d'oxygène, 79 pour cent d'azote et 4 à 6 dix millième d'acide carbonique, on trouve qu'il a perdu par l'acte de la respiration 4 à 6 pour cent d'oxygène qui ont été remplacés par de l'acide carbonique.

L'oxygène, qui est le corps comburant par excellence, s'est combiné avec une certaine quantité de carbone contenue dans le sang, par un véritable phénomène chimique, comparable à la combustion des corps à l'air libre, et produisant comme elle une quantité de chaleur considérable.

D'après les recherches de M. Boussingault, la proportion de carbone brûlée par la respiration s'élève, chez une vache de taille moyenne, à 1,700 grammes par vingt-quatre heures, et la quantité de chaleur dégagée est capable de porter de 0° à 100°, chez le même animal, environ 19 kilos d'eau.

La comparaison de l'air naturel avec celui qui sort du poumon nous apprend encore que, pendant la respiration, sa température s'est élevée de 10 à 15°, température moyenne de nos climats, à 36°, température ordinaire du corps; qu'il s'est chargé d'une quantité de vapeur d'eau, évaluée à 2,500 grammes par jour, pour une vache de taille moyenne.

De ces faits, nous pouvons tirer des inductions très-précieuses pour l'éclaircissement de la question qui nous occupe. Puisque l'on a comparé la respiration à une véritable combustion, poussons plus loin la comparaison. Dans un feu de cheminée, si l'on agite l'air de manière à faire passer une plus grande quantité de ce fluide au centre du foyer de combustion, il arrive que le feu s'active et que le bois brûle plus vite. De même, si dans un temps donné il passe dans le poumon d'un animal, soit une plus grande quantité d'air, soit un air plus froid, plus condensé, et contenant, par conséquent plus d'oxygène sous un même volume, le carbone du sang, qui est l'élément combustible, se trouvera usé, détruit, brûlé en plus forte proportion et, comme ce corps est fourni au sang par les aliments, la perte se traduira par un accroissement correspondant de la ration consommée.

Ainsi s'explique la nécessité d'une nourriture plus substantielle, plus animale, plus riche en carbone chez les peuples du Nord, que chez ceux du Midi, en hiver qu'en été.

Là se trouve encore l'explication de ce fait que les bêtes jeunes ont besoin d'une alimentation plus substantielle que les bêtes adultes. C'est que pendant le jeune âge, aux besoins qui résultent de l'accroissement des organes se joignent ceux qui proviennent d'une respiration plus active. Et, enfin, l'on comprend pourquoi une même quantité d'aliments produit plus de graisse lorsque la période de croissance est terminée. Il y a à cette époque une diminution sensible du rhythme des mouvements respiratoires.

Mais si, au lieu d'augmenter la quantité de l'élément comburant, on augmente celle du combustible, le résultat est le même. Il y a, comme dans le cas précédent, accroissement de l'activité de la combustion et dépense d'une plus forte proportion d'air : tel l'addition d'une certaine quantité de bois augmente l'intensité du foyer ; tel aussi une nourriture plus substantielle et plus abondante absorbe une plus grande quantité d'oxygène emprunté à l'air, pour subir toutes les transformations nécessitées par les besoins de l'économie. Ainsi les carnivores, qui consomment une nourriture plus riche en carbone, fournissent plus d'acide carbonique par la respiration que les herbivores. Parmi ceux-ci, ceux qui sont bien nourris en rejettent plus que ceux qui le sont mal.

Dans tous les cas, l'accroissement de l'activité respiratoire a pour effet la production d'une plus forte somme de chaleur, tendant à élever la température du corps. Mais on a constaté, par l'expérience, que dans l'état normal chaque espèce a sa température propre, température invariable dans toutes les saisons pour peu qu'on l'examine dans des organes situés à quelque profondeur et à l'abri des causes trop variables de perturbations extérieures. Il faut donc que l'excès de chaleur soit absorbé à mesure qu'il se produit; il l'est, en effet, par l'augmentation de l'évaporation cutanée, évaporation qui peut aller par degrés jusqu'à la sueur la plus abondante. C'est ainsi que la nature maintient l'équilibre fonctionnel en détruisant les effets d'une cause de trouble par les effets d'une cause opposée.

Cependant, et en vertu de la même loi, la perte de chaleur entraîne toujours de son côté la combustion d'une quantité proportionnelle de carbone. Or, le corps animal perdant de la chaleur par le rayonnement, par la respiration, par la transpiration, etc., plus ces causes de pertes seront considérables et plus l'alimentation devra être riche en principes carbonés.

Les expériences de M. Letellier ont pleinement confirmé ces faits. En effet, de petits oiseaux qui ont fait l'objet de ses observations, n'ont dégagé, par la respiration, que 215 grammes d'acide carbonique par jour et par kilogramme de poids vivant, lorsque la température de l'air environnant était comprise entre 30 et 42° centigrades, tandis qu'ils en fournirent 313 grammes, lorsque cette température fut comprise entre 14 et 22° seulement; enfin, ils en produisirent 455 gram., lorsque la température descendit jusqu'à 0°. Une autre expérience effectuée sur des tourterelles et des crécelles a donné les résultats suivants :

Entre 30 et 42° cent., 64 grammes d'acide carbonique dépensé.
»   14 et 22°   »   109   »   »
à   0°   »   171   »   »

Les effets du froid sont moins considérables chez les grands animaux que chez les petits, parce que le refroidissement des corps s'effectue avec une rapidité qui est en raison inverse de leur volume; mais ils n'en sont pas moins sensibles et l'on doit en tenir sérieusement compte.

Nous avons vu que l'air en sortant du poumon s'est élevé de la température ordinaire à celle du corps 36°. Pour atteindre cette température, il a dû soustraire une quantité de chaleur représentée par la différence qui existe entre la température de l'air ambiant et la température normale du corps. La respiration occasionne donc une perte de chaleur d'autant plus grande que l'air est plus froid.

Enfin, le passage des liquides de l'économie à l'état de gaz ne peut s'effectuer que par l'absorption d'une certaine quantité de chaleur. Un air sec, en favorisant l'évaporation, serait donc une cause de perte de chaleur. Pour se faire une idée de l'énergie d'action de cette cause, il suffira de savoir qu'un kilogramme d'eau qui se réduit en vapeur, emporte avec lui une quantité de calorique qui serait suffisante pour porter à l'ébullition 5 kil. 1/2 de ce liquide.

Nous pouvons ajouter que les aliments froids, en passant dans le canal alimentaire, absorbent aussi de la chaleur pour se mettre à l'unisson de la température du corps. Ces considérations doivent nous faire comprendre toute l'importance qui s'attache à la théorie qui veut que les bêtes d'engrais soient tenues au milieu d'un air chaud et chargé d'humidité. Il doit en résulter une économie de nourriture qui amène des différences notables dans les résultats économiques de l'engraissement.

Notons encore que l'air, dans ces conditions, a pour effet de rendre les tissus mous et perméables à la graisse, de modifier la constitution, de favoriser le développement du tempérament lymphatique, de rendre les animaux moins impressionnables aux causes d'excitation : toutes circonstances qui permettent d'arriver plutôt à la solution du problème cherché, produire plus de viande avec moins de nourriture.

Cependant il faut se rappeler que la respiration, tout en étant une cause de perte pour l'organisme, est l'excitant, par excellence, qui donne au sang la chaleur et la vie, et sous l'influence duquel s'accomplissent toutes les fonctions, notamment la digestion et la nutrition. C'est lorsqu'elle jouit de toute la plénitude de son action, que la digestion se fait bien, que les muscles sont le mieux nourris et que la graisse se dépose en plus grande quantité dans les tissus. Tout le monde sait, en effet, que les animaux à poitrine large profitent mieux de la nourriture qu'on leur donne, croissent plus rapidement et sont plus vite engraissés; donc, s'il est utile d'éviter les causes de perte de substance qui s'effectuent sous l'influence de la déperdition d'une trop grande quantité de chaleur, il n'est pas moins utile d'assurer l'intégrité de la fonction respiratoire, pour conserver aux organes digestifs toute l'énergie qui leur est nécessaire, et à tous les tissus leur force assimilatrice. De là, la nécessité d'un air chaud, mais pur.

Un air trop concentré, dans le but de le maintenir à une haute température, en se chargeant d'un excès d'acide carbonique, d'azote, de gaz fétides, provenant de la décomposition des produits de sécré-

tion, versés dans le fumier, aurait pour effet de diminuer trop
fortement la vitalité des animaux, d'altérer leur constitution, de les
rendre plus impressionnables aux causes morbides, de les mettre,
enfin, dans un état de souffrance qui aboutirait à un résultat tout à
fait opposé à celui qu'on se propose dans la pratique de l'engraissement.

Mais quelles sont les limites qu'il ne faut pas dépasser? Dans
l'état actuel de la science il est assez difficile de répondre à cette
question d'une manière précise. Entre les deux extrêmes, qu'il faut
éviter avec soin, il y a des degrés intermédiaires. C'est au nourrisseur à faire preuve d'habileté en mettant l'aérage en harmonie avec
la nourriture qu'il donne et les besoins des animaux. C'est à lui de
juger à quel point il doit s'arrêter pour éviter les pertes inutiles,
tout en conservant les animaux dans un état de santé relative, conforme au but qu'il se propose. La température qui paraît la plus
convenable, d'après l'expérience, est celle comprise entre dix-huit et
vingt-cinq degrés centigrades. A ce point, l'air n'est ni trop dense,
ni trop concentré; il contient dans les proportions voulues la quantité d'oxygène exigée par la respiration. Pour le maintenir à un degré plus élevé, on serait dans l'obligation de ne pas le renouveler
assez souvent, pour l'empêcher d'acquérir des propriétés délétères.

Il est inutile d'ajouter que c'est au moyen des ouvertures que
l'on règle la température de l'étable. On les ouvre quand on juge que
celle-ci est trop élevée, et que l'air commence à s'altérer; on les
ferme quand la température est trop basse. Le mieux encore est
d'entretenir un courant continu, que l'on augmente ou que l'on
diminue à volonté, assez faible pour ne pas permettre à la température de trop s'abaisser, pour maintenir toujours dans l'atmosphère
une certaine proportion de la vapeur d'eau produite par la transpiration cutanée et la perspiration pulmonaire, et cependant assez
fort pour éviter la concentration des miasmes. On juge que l'air
se trouve dans ces conditions, lorsque en pénétrant dans une étable,
on n'éprouve pas cette impression désagréable que l'on ressent au
milieu d'une atmosphère trop concentrée. Impression assez difficile à
définir, mais que connaissent tous ceux qui ont eu l'occasion d'entrer
dans des salles de spectacles incomplétement aérées, au moment
où il s'y trouvait réunies un grand nombre de personnes, dans des
salles d'hôpitaux, où l'on accumule un trop grand nombre de malades dans un espace très-restreint, etc.

Dans les étables, à cette impression qui, sans nous faire éprouver des douleurs particulières, nous fait désirer le grand air, se

joint une odeur désagréable provenant de la décomposition des substances azotées, rejetées par les déjections. Lorsque les soins de propreté manquent, lorsqu'on laisse séjourner le fumier trop long-temps; des vapeurs ammoniacales se dégagent et affectent à la fois le nez et les yeux.

On présume encore que l'air est altéré, lorsqu'il est saturé d'hu-midité au point de laisser déposer la vapeur d'eau en gouttelettes sur les aspérités des murs.

Enfin, il existe un autre moyen pour reconnaître l'altération de l'air, moyen tout à fait empirique, mais qui peut avoir son utilité dans la pratique. Il consiste à pénétrer dans l'étable avec une lampe allumée. Si la lumière brille de tout son éclat, c'est une preuve que l'air de l'étable n'est pas vicié au point de nuire à la santé des animaux; si, au contraire, elle pâlit, si elle perd de sa vivacité, ce phénomène indique que la proportion d'oxygène se trouve diminuée au profit d'un excès d'acide carbonique, qui est un gaz incombus-tible. Il faut se hâter d'y remédier en activant l'aérage.

4. — Disposition générale des étables.

Dimensions. — De ce qui précède on peut conclure, que si les bêtes de rente usent une moins grande quantité d'air que les bêtes de travail et les chevaux, il sera permis d'en loger un plus grand nombre dans une étable donnée. Cette économie d'espace tire, de plus, son opportunité de leurs habitudes plus paisibles, de leurs mouvements plus lents, de leur moindre pétulance.

On est dans l'usage de donner à chaque bœuf 1 mètre à 1 mètre 50 centimètres de large, suivant la taille. « Dans le Bazadais, dit M. Magne, la place de chaque bœuf n'a en général qu'un mètre. Dans les montagnes on donne moins d'espace encore, et pour prévenir les accidents qui peuvent résulter des coups de corne, on attache la bête la plus forte, celle qui fait fuir toutes les autres, à une extrémité, ensuite celle qui vient après par la force, et ainsi de suite, de sorte, que la plus faible se trouve à l'extrémité opposée. De cette manière les animaux se portent tous, autant que la longueur de leur longe le permet, du côté de l'animal le plus faible, qui peut s'écarter pour éviter son voisin. »

Hâtons-nous d'ajouter, cependant, qu'il serait préférable de laisser aux animaux plus de large qu'il ne leur en faut, plutôt que de ne leur donner qu'un espace insuffisant. Il faut qu'ils puissent se reposer librement, parce que le bœuf a l'habitude de se coucher

après chaque repas, pour ruminer, et le repos est pour lui une
condition indispensable au succès de l'engraissement. Dans le cas
où plusieurs bœufs, placés sur une même ligne, se trouveraient
trop serrés, il y en aurait qui seraient forcés de rester debout pendant que les autres seraient couchés, et cette station obligée de-
viendrait pour eux une cause de fatigue qui se produirait en pure
perte.

La largeur qu'il convient d'assigner à une étable varie suivant
qu'elle est simple ou double, suivant aussi la disposition des animaux qu'elle contient.

Une bouverie simple a ordinairement 4 mèt. 50 cent. de largeur,
décomposés de la manière suivante : 70 cent. pour la crèche, 2 mèt.
50 cent. pour l'espace réservé aux animaux, 1 mètre 50 cent. pour
le passage qui doit rester libre derrière les bêtes. L'emplacement
occupé par les animaux est légèrement en pente. Une rigole plus ou
moins profonde le sépare du passage ; elle est destinée à conduire
les urines, ou l'eau employée au lavage, dans la mare à fumier ou
dans des réservoirs destinés à les contenir.

Il est des contrées où, le système pastoral étant pratiqué en grand,
le fumier a peu de valeur ; on préfère alors fabriquer de l'engrais
liquide et faire consommer la paille par les animaux. Dans ce cas le
sol est construit avec des madriers que l'on lave fréquemment. La
rigole dont nous venons de parler a une profondeur de $0^m,10$ environ sur $0^m,20$ de largeur ; elle est légèrement inclinée dans le sens
de la longueur de l'étable. Pour la nettoyer on se sert d'un racloir
qui la remplit exactement, et qui sert à pousser dans la fosse à purin les matières excrémentielles qui tendraient à s'y accumuler. Ce
système, pratiqué récemment dans quelques fermes anglaises, est
appliqué de temps immémorial sur les montagnes des Alpes, de la
Suisse, en Hollande.

Dans les pays où l'on a l'habitude d'employer comme litière des
végétaux ligneux, comme la bruyère, les genêts, les menues branches de sapin, on pratique derrière les animaux un enfoncement
de 4 à 5 décimètres, dans lequel on laisse accumuler le fumier qui,
à l'abri du soleil et de la pluie et sous l'influence de la chaleur,
fermente rapidement et gagne en qualité. Mais les gaz produits par
la fermentation tendent à altérer constamment l'atmosphère intérieure. Il faut à ces étables une aération plus active et des dimensions plus considérables. On leur donne une largeur double de celle
des bouveries ordinaires, soit 8 mèt. environ. Quelques cultivateurs, au lieu d'enlever souvent le fumier dans les étables ordinaires,

le laissent accumuler sous les pieds des animaux. Ils placent alors
des rateliers mobiles qui peuvent être exhaussés ou abaissés à volonté, ou bien ils placent la crèche plus haut qu'à l'ordinaire, et ils
disposent sur le devant un escalier en maçonnerie sur lequel les
bœufs placent leurs pieds antérieurs pour atteindre le fourrage, ou
manger dans la crèche, lorsque la couche de fumier n'est pas encore assez épaisse pour les relever suffisamment. Cette méthode, à
laquelle on peut reprocher les inconvénients de la précédente, a le
défaut de laisser séjourner les animaux dans la saleté, si l'on n'a la
précaution de répandre souvent de la litière fraîche.

Crèches, rateliers. — Les crèches en bois ou en pierre doivent
être placées à une hauteur de 40 à 45 cent. du sol au bord supérieur. Elles seront peu profondes, assez étroites pour que les animaux y ramassent facilement les aliments mous ou fluides. Elles
pourront être soutenues par leurs extrémités fixées dans les murs,
par des piliers placés de distance en distance, ou bien par un massif en maçonnerie, régnant sur toute la longueur de la crèche. Dans
les deux premiers cas, elles auront l'inconvénient de présenter au-
dessous d'elles un espace vide, où les animaux seront exposés à en-
foncer la tête et à se prendre les cornes en se relevant. Elles présenteront autant de divisions qu'il y a de bêtes à loger.

Quelquefois les râteliers manquent complétement; on se contente
de déposer les fourrages dans la crèche. Les animaux, en cherchant les menues feuilles, en font tomber une partie qu'ils piéti-
nent, et, malgré qu'on ait le soin de les ramasser de temps en temps,
il s'en perd toujours une certaine quantité.

Pour éviter cet inconvénient il est utile de faire usage de râteliers
en bois, à barreaux écartés de 10 à 12 cent. environ les uns
des autres et légèrement inclinés. S'ils étaient trop inclinés les
bêtes seraient obligées de prendre une position gênée, pour saisir
le fourrage. Ces râteliers seront placés à une hauteur de 40
à 50 cent. à partir du fond de la mangeoire. Pour être dans de
bonnes conditions ils présenteront de distance en distance des divisions correspondantes à celles des crèches.

On rencontre des étables où la crèche et le râtelier sont remplacés
par un massif en maçonnerie de 50 cent. de hauteur sur 1 mèt. à
1 mèt. 50 cent. de largeur, s'étendant le long du mur d'une extrémité à l'autre. Sur l'arête antero-supérieure du massif on place une
planche de 20 cent. de hauteur, légèrement inclinée, qui retient le
fourrage déposé sur la plate-forme. Celle-ci sert en même temps de
passage et de mangeoire. On y monte par trois escaliers placés à

l'une des extrémités. Lorsqu'on veut faire consommer des matières liquides, des soupes, etc., on les distribue dans des auges que l'on place devant chaque animal.

Quelquefois, au lieu d'une planche, on établit sur le bord antérieur une cloison que l'on monte à hauteur d'appui ou jusqu'au plancher. En face de chaque animal, se trouve une ouverture de 50 cent. au carré à travers laquelle celui-ci passe la tête pour prendre le fourrage déposé devant lui, sur le passage.

Cette disposition a l'avantage de donner aux animaux plus de tranquillité. Chaque bœuf sachant que sa ration ne peut lui être enlevée par un voisin plus vorace, mange plus lentement, opère mieux la mastication; ne s'agite pas; les aliments lui profitent mieux, et l'une des causes les plus fréquentes d'indigestion se trouve évitée.

CORRIDOR. — Lorsque la cloison dont nous venons de parler monte jusqu'au plancher, elle divise l'étable en deux parties. On ménage alors derrière le massif en maçonnerie un corridor qui sert d'entrepôt pour les fourrages. Ce corridor correspond par une de ses extrémités à une porte extérieure, et par l'autre il communique avec le grenier à foin. On trouve des étables ainsi disposées dans la Flandre. Thaër en a le premier donné la description.

Une bouverie double, lorsque les animaux sont placés sur deux rangs, dans le sens de la longueur de l'étable, la tête attachée aux murs opposés, doit avoir une largeur de 8 mèt., savoir : 3 mèt. de chaque côté pour l'emplacement réservé aux bœufs, et 2 mèt. pour le passage médian. Le sol de ce passage doit être uni, un peu convexe dans le sens de son diamètre transversal, afin que les liquides qu'on pourrait y verser puissent s'écouler facilement dans les rigoles situées de chaque côté.

Mais les bêtes peuvent être disposées sur deux rangs au milieu de la bouverie, de manière que le derrière du corps soit tourné contre les murs latéraux.

Les mangeoires, placées au milieu, sont séparées entre elles par un passage de 1 mèt. 50 cent, correspondant à une porte qui communique avec le grenier. Il sert d'entrepôt pour le fourrage. On fait passer celui-ci dans les râteliers au moyen d'ouvertures carrées pratiquées à une hauteur convenable, dans les cloisons qui servent de point d'appui au râtelier. Entre les animaux et le mur existe, de chaque côté, un espace libre de 1 mèt. à 1 mèt. 30 cent. pour permettre l'enlèvement du fumier. Ces bouveries doivent avoir une largeur sensiblement plus grande que les précédentes, ce qui

nécessite un accroissement de frais de construction. Elles auront
10 mèt. environ au lieu de 8 mèt.

Portes. — Trois portes sont pratiquées : l'une correspond au
couloir du milieu; les deux autres s'ouvrent sur les deux passages
latéraux pour laisser sortir ou entrer les animaux.

Cette disposition a l'avantage de permettre la distribution des
aliments sans déranger les animaux. Ceux-ci sont moins incommo-
dés par la lumière, par les courants d'air, etc.; mais elle a l'inconvénient de ne pas laisser voir l'étable d'un seul coup d'œil, de rendre
la surveillance plus pénible.

Pour parer en partie à cet inconvénient, on établit quelquefois
au milieu de l'étable un massif en maçonnerie de 50 cent. de
hauteur, sur 1 mèt. 50 cent. de largeur, qui le traverse dans
toute sa longueur. A l'une des extrémités du massif, se trouvent des
escaliers qui permettent aux gens de la ferme d'y monter, pour
aller déposer la ration devant chaque bœuf, au moment des repas.
Il sert à la fois de mangeoire et de passage; sur chacun de ses bords
on place une claire-voie présentant, au niveau de chaque place, des
ouvertures carrées, assez grandes pour qu'un bœuf puisse y passer
la tête. Cette claire-voie permet aux bêtes de se voir d'un côté à
l'autre; tout en les empêchant de s'inquiéter mutuellement, en
cherchant à se manger leur ration entre voisins.

La hauteur qu'il convient de donner aux étables doit nécessairement varier suivant leur étendue. Dans quelques pays de petite culture, et surtout dans les montagnes, il existe un fâcheux préjugé.
On pense que dans les étables à plafond bas, les animaux se trouvent mieux, parce qu'ils sont tenus plus chaudement et que, dans
tous les cas, les bœufs paraissent plus grands et flattent mieux l'œil
de l'acheteur. L'exagération de cette croyance est telle, dans certains
pays, qu'on y rencontre des bouveries dont le plafond est tellement
bas, que les animaux, en relevant la tête, vont presque le toucher avec
leurs cornes. Nous avons démontré la nécessité pour les bêtes d'engrais, d'entretenir toujours la température intérieure à un certain
degré, pour éviter les pertes occasionnées par le refroidissement et
pour favoriser ainsi le dépôt de la graisse dans les organes ; mais
nous avons dit aussi que ce résultat ne devait jamais être obtenu
aux dépens de la pureté de l'air. Une étable bien conditionnée doit
avoir environ 3 mèt. de hauteur et plus, si elle est très-vaste.

Ici, se place une observation qui n'est pas sans importance. Dans
les exploitations très-étendues, où l'on engraisse chaque hiver un
grand nombre de bœufs, au lieu de les loger tous dans une étable

très-vaste, il est plus convenable de diviser celle-ci en plusieurs compartiments par des cloisons transversales. Par cette disposition l'on économise un peu d'espace, et il est possible de loger quelques bêtes de plus. Mais l'avantage le plus important qu'on puisse en retirer, c'est d'éviter la concentration des miasmes, qui résulte de la réunion d'un grand nombre d'animaux dans un même local, de mieux régler la température intérieure, et surtout de pouvoir séparer les sujets en diverses catégories, en cas de maladies contagieuses.

Séparations. — Dans la généralité des cas, les animaux de l'espèce bovine sont placés les uns à côté des autres, sans séparation aucune. On se contente de leur laisser un espace suffisant pour leur permettre de se coucher librement.

Nous avons déjà fixé la largeur qu'il convient de donner pour chaque tête de bétail. Mais si les bœufs, à raison de leurs habitudes paisibles, de la docilité de leur caractère, de leurs mouvements plus lents, sont moins exposés à des accidents que les chevaux, lorsqu'ils ne sont pas séparés, ils peuvent cependant se pousser les uns contre les autres, se heurter avec les cornes, s'agiter mutuellement pour se manger leur ration. Or, ces mouvements, étant pour eux une cause de trouble, il peut être utile d'augmenter leur bien-être, de faciliter leur repos, de leur assurer enfin la quiétude la plus complète, en rendant chaque place indépendante des autres, au moyen de séparations.

Ces séparations sont incomplètes ou complètes. Elles ne consistent souvent qu'en de simples planches qui divisent le râtelier et la mangeoire en autant de compartiments qu'il y a de têtes de bétail. D'autres fois, ces planches s'étendent jusqu'au sol, et forment ainsi des stalles imparfaites. Il en est qui placent, tout simplement, entre deux animaux, une barre dont les extrémités sont fixées, d'un côté sur le sol près de la rigole, de l'autre, entre deux barreaux du râtelier; ou bien ces barres sont suspendues au moyen de cordes à une hauteur d'environ 30 cent., et restent mobiles.

Stalles. — Dans quelques exploitations rurales on construit des stalles complètes, comme on le pratique pour les chevaux. Dans ces stalles la partie antérieure arrondie, oblique, ou carrée, se trouve plus élevée que la postérieure, afin que les animaux ne puissent passer la tête par-dessus. Au lieu d'être pleine, elle est formée de barreaux de bois ou de fer, placés verticalement, en forme de claire-voie. Car, s'il est utile que les bêtes ne puissent pas se toucher, il importe qu'elles puissent se voir. On a vu des sujets dépérir ou mal profiter de leur nourriture par le fait d'un isolement complet.

Boxes. — Enfin, un agriculteur anglais, M. Warnes, poussant plus loin l'application de ce principe, a préconisé un nouveau mode de séparations, consistant en des divisions intérieures, formant autant de loges qu'il y a d'animaux à loger. Ce système, importé en France par un agronome éclairé, M. Decrombecque, de Lens (Pas-de-Calais), a été décrit de la manière suivante, par MM. Pommier et Payen dans le journal d'Agriculture pratique[1].

« Après s'être rendu compte expérimentalement des résultats de l'engraissement des animaux, individuellement tenus sans être attachés dans des cases séparées les unes des autres par une simple cloison à claire-voie, M. Decrombecque a définitivement adopté cette méthode et s'occupe de l'employer dans toutes ses étables et même pour l'entretien de ses bœufs de labour.

« Une étable de ce genre pour les vaches ou génisses à l'engrais est formée d'un encaissement de 1 mèt. en contre-bas du sol. Cet encaissement a 2 mèt. 66 cent. à 3 mèt. de large, et une longueur égale à vingt, trente ou quarante fois cette largeur, suivant le nombre de cases à établir, chaque case ayant, en effet, 2 mèt. 66 cent. à 3 mèt. en carré, et n'étant séparée des autres que par une cloison en planches devant l'encaissement, et dans toute sa longueur règne, au niveau du sol, un sentier de 1 mèt., suffisant pour le service de toutes les cases qui bordent ce sentier. Devant chacune des cases se trouve une auge qui s'élève ou s'abaisse à volonté graduellement, sur une crémaillère, dans une étendue de 1 mètre. »

« Un mur limite l'étable sur l'alignement du sentier, un autre mur longitudinal s'élève sur l'alignement opposé de l'encaissement, il est percé d'autant de baies de portes qu'il y a de cases.

« Chacune de ces baies est close par deux volets superposés, de sorte qu'en ouvrant le volet supérieur on dispose d'une baie de fenêtre, et, en ouvrant les deux volets, on a la section libre d'une porte.

« Cette porte suffit au passage de l'animal qui, une fois entré dans sa case, y reste tout le temps que dure l'engraissement.

« Chaque jour, on ajoute un peu de litière ; la case s'emplit graduellement de fumier qui atteint, au bout de trois mois, le niveau du sol, c'est-à-dire 1 mèt. d'épaisseur. Les déjections disséminées dans cette masse constamment foulée, en tous ses points, sous les pieds de l'animal, sont bientôt soustraites au contact de l'air et fer-

---

[1] *De l'engraissement du gros bétail,* par M. N. Eyon, p. 24.

mentent très-peu; aussi ne ressent-on pas cette odeur ammoniacale dominante dans les étables mal tenues. Là, les soins journaliers sont très-peu dispendieux, parce qu'ils ne s'appliquent à aucun nettoyage. Cependant la litière fraîche ajoutée chaque jour, et la dissémination des déjections, permettent d'entretenir les animaux dans un état remarquable de propreté.

« Ces animaux, affranchis de la gêne de tout système d'attache, jouissent d'une liberté relative, dans l'espace dont ils disposent; ils se voient sans se gêner mutuellement, et n'aperçoivent les personnes chargées de diriger leur engraissement que pour en recevoir des soins et de la nourriture.

« On ne sera donc pas surpris d'apprendre que les animaux, dans les cases, deviennent plus doux et plus gais; qu'enfin, ces bonnes dispositions naturelles concourent à rendre la nourriture plus profitable, soit pour leur entretien, soit pour leur engraissement. Ce sont maintenant des résultats avantageux acquis, et il n'est pas moins certain, d'après les observations consciencieuses et la comptabilité régulière de M. Décrombecque, que dans cette localité, pour un égal nombre d'animaux, les étables à cases séparées coûtent moins de construction pour chaque animal; la différence peut être évaluée de 150 francs de dépense, suivant l'ancien système, à 110 ou 120 francs, dépense du nouveau système. »

M. Warnes, comparant les avantages du régime cellulaire à ceux du régime en plein air, s'exprime de la manière suivante[1] :

« Prenez vingt jeunes bœufs et engraissez-en dix dans des boxes (loges) et dix dans une cour ou dans un pré. Je puis assurer que les dix premiers seront vendus 15 livres (375 fr.) de plus que les autres. D'après ma propre expérience, je puis ajouter que l'avantage de l'engraissement dans les boxes sur celui qui a lieu dans les enclos serait de deux à trois livres (50 à 75 fr.) par tête, et que la dépense en plus pour les soins serait complétement compensée par l'économie de la nourriture. »

Nous avons, à dessein, étendu cette citation, parce que nous y ajoutons une grande importance. Nous pensons, en effet, que les animaux ainsi séparés les uns des autres, tout en jouissant d'une liberté relative, sont dans les meilleures conditions pour la réussite de l'engraissement.

Nous ne terminerons pas ce chapitre sans indiquer un perfectionnement applicable là où l'on consomme beaucoup de résidus. Il

---

[1] *Loco cit.*, même auteur, p. 26.

consiste à disposer le long des crèches des conduits destinés à
amener les substances liquides dans des réservoirs, au moment
où elles sortent de l'alambic, et de là à la place de chaque
animal.

CHAPITRE III

DE L'ALIMENTATION

1. — Composition chimique des aliments:

Composition du sang. — Le sang, destiné à nourrir les organes
et à fournir les principes nécessaires à la combustion pulmonaire,
est un composé d'eau, de matières azotées (albumine, fibrine, hé-
matosine), de corps gras, de matières sucrées, de sels minéraux.
Constamment épuisé par la respiration, par les sécrétions, par le
dépôt de la graisse dans les tissus, il se régénère sans cesse par le
chyle, qui est le produit de la digestion. Les aliments doivent donc
contenir, dans des proportions convenables, tous ces éléments constitutifs.

Composition des aliments du bétail. — L'analyse chimique nous
démontre, en effet, que les substances qui sont considérées comme
aliments complets, renferment tous les matériaux dont se compose le sang. On y trouve : 1° des principes protéïques très-
riches en azote, tels sont : le gluten, qui existe surtout dans les
grains, la légumine, contenue dans les pois, les lentilles, les hari-
cots, etc., et l'albumine végétale qui se rencontre dans tous les
sucs végétaux, et qui ne paraît pas différer notablement de l'albumine du blanc d'œuf. Il y a, entre ces principes immédiats et la
fibrine du sang, une telle analogie, qu'il serait assez difficile, dans
l'état actuel de la science, d'établir entre eux une différence certaine de composition. On les appelle encore éléments plastiques, à
cause des formes diverses qu'ils sont aptes à prendre sous l'influence vitale, suivant les organes qui se les sont appropriés.

Des principes hydro-carbonés, tels que : des corps gras, du
sucre, de l'alcool, de l'amidon, qui sont exclusivement composés
de carbone, d'hydrogène et d'oxygène. On les appelle éléments respiratoires, parce que leur richesse en carbone et en hydrogène les

rend particulièrement propres à servir d'aliment à la combustion pulmonaire.

Enfin, des sels minéraux et principalement des phosphates terreux.

Les principes azotés servent plus particulièrement à former les tissus mous et surtout les muscles qui sont presque entièrement composés de fibrine. Les phosphates terreux servent à la nutrition du squelette, et les éléments respiratoires fournissent le carbone destiné à se combiner avec l'oxygène de l'air pour former de l'acide carbonique, phénomène chimique sous l'influence duquel se produisent la chaleur animale et l'électricité, et dont l'accomplissement est essentiellement nécessaire à l'entretien de la vie.

La preuve que les matières grasses sont essentiellement propres à l'entretien de la combustion pulmonaire, se tire de ce fait que chez un animal soumis à l'abstinence, c'est la graisse qui disparaît la première; ensuite le système musculaire s'amoindrit, les fonctions de l'organisme se ralentissent, l'animal se refroidit peu à peu, comme si les principes azotés qui, à défaut de matières grasses, doivent alors servir de combustible, étaient d'une combustion trop difficile, et si cet état se prolonge l'animal meurt.

Elle se tire encore de ce fait que les substances grasses et sucrées sont d'une combustion plus facile que l'albumine et la fibrine, c'est-à-dire qu'elles ont plus d'affinité pour l'oxygène et produisent en se combinant à ce corps plus de chaleur.

Rôle des principes constitutifs des aliments dans l'entretien de l'organisme. — Si l'on cherche à se rendre compte des quantités relatives de chacune de ces substances, que nécessite l'entretien de l'organisme, on arrive à reconnaître, soit par l'analyse des aliments, soit par l'analyse des déjections, des sécrétions et des produits de la respiration, que les principes hydro-carbonés sont dépensés en proportion quintuple et même sextuple des matières azotées.

Ils diffèrent encore de ces derniers en ce qu'ils ont la faculté d'être mis en réserve au sein des organes, sous forme de graisse, lorsqu'ils sont contenus dans les aliments en proportion plus grande que celle exigée par les dépenses ordinaires. Les matières azotées, en effet, qui servent plus particulièrement à la nutrition paraissent n'être absorbées qu'en quantité suffisante pour nourrir les muscles et combler les besoins, sans cesse renouvelés, du mouvement de composition et de décomposition dont les organes sont le siége, tandis que la nature, prévoyante dans ses vues, a permis que les corps gras et les matières analogues, fussent absorbés en excès du besoin, et mis en dépôt au sein des tissus, pour suppléer dans certaines circonstances à l'insuffisance de l'alimentation et prévenir une interruption funeste de l'acte de la respiration dans le cas d'une abstinence forcée. Lorsqu'on nourrit les animaux avec des aliments qui contiennent une forte proportion de graisse, et lorsque d'ailleurs cette circonstance coïncide avec le repos et les autres conditions propres à diminuer l'énergie des actions vitales, les dépenses de la respiration se trouvant diminuées pendant que les vaisseaux chylifères charrient une plus grande quantité de matières grasses, ils arrivent, en peu de temps, à un état d'embonpoint très-prononcé.

M. Boussingault a reconnu, en opérant sur des canards, qu'une certaine quantité de beurre ajoutée à la ration alimentaire, les amenait rapidement à un degré d'engraissement vraiment extraordinaire.

Un exemple remarquable de cette faculté qu'ont les animaux d'accumuler la graisse en vue de besoins futurs, nous est fournie par les animaux hibernants. On les voit s'engraisser considérablement en été, et en hiver user cette provision de graisse au profit de la combustion pulmonaire.

Mais l'analogie de composition qui existe entre les éléments qui forment les muscles et les tissus mous de l'organisme, et les principes immédiats azotés qui se trouvent dans les aliments d'une part, la graisse déposée au sein des organes, et les corps gras que l'on rencontre dans presque toutes les plantes, d'autre part; et enfin le rapprochement de la composition des os et des substances minérales que contiennent les fourrages, ont fait supposer, avec raison, que les animaux trouvent leurs propres substances dans les aliments dont ils se nourrissent, et ont permis à M. Boussingault de dire, *que si la viande, la graisse, les os existent, à peu près, tout formés dans les fourrages; il est évident que les plus avantageux sont précisément ceux qui, sous le même poids, contiennent la plus forte proportion de ces matériaux de l'organisation.*

Il n'est pas bien démontré que les animaux puissent s'assimiler les principes contenus dans les aliments, sans leur faire éprouver des modifications. Il est certain, tout au moins, que dans quelques circonstances, ces principes peuvent se former de toutes pièces, se créer dans l'organisme, sous l'influence de l'action vitale, pourvu que les substances alimentaires en contiennent les éléments constitutifs. Les expériences de MM. Dumas, Milne Edwards, Boussingault, Persoz, et les observations de MM. Lascase Duthiers et Riche, ont montré que souvent le corps animal contenait plus de matières grasses que n'avaient pu leur en fournir les aliments consommés. Mais la présence de ces matières n'en est pas moins nécessaire, et ici l'expérience, d'accord avec la théorie, a donné la preuve que la viande et la graisse étaient produites en proportion d'autant plus considérable que les aliments contenaient davantage des principes azotés, des principes gras et des sels terreux assimilables.

Chacun de ces principes a son rôle à remplir, ses attributions spéciales, en sorte que l'un ne peut prédominer dans l'alimentation à l'exclusion des autres sans troubler l'harmonie qui préside à l'accomplissement des fonctions vitales. Si l'on nourrit un animal avec de l'albumine, de la fibrine, ou de la caséine seule ou avec ces trois substances réunies, il ne tarde pas à succomber absolument comme s'il avait été privé de toute nourriture. Magendie a voulu nourrir avec du sucre, de la gomme, de l'huile, du beurre, des chiens qui n'ont pu vivre au delà d'un temps très-limité. Chossat, ayant voulu entretenir des pigeons adultes avec du blé, s'aperçut au bout de quelque temps qu'ils dépérissaient quoiqu'ils eussent de la nourriture à discrétion. Au bout de neuf mois ils périrent tous. A l'autopsie les organes paraissaient dans un état normal, seulement les os étaient devenus fragiles, friables et manquaient de chaux. C'est que le blé n'en contient qu'une assez minime proportion, et cette proportion se trouvait insuffisante pour réparer les pertes qu'éprouvaient les pigeons par leurs déjections.

Il faut donc que les animaux trouvent dans les aliments toutes les matières dont ils sont eux-mêmes formés, que ceux-ci les contiennent en quantité correspondante aux besoins de l'économie. Mais les corps qui entrent dans la composition des tissus animaux, sont très-nombreux. Non-seulement l'azote et le carbone s'y trouvent associés à d'autres corps dans des proportions fort variables, et forment des composés nombreux, dont les uns se trouvent dans les plantes, et les autres sont créés dans l'organisme par l'action vitale, mais les substances minérales y sont associées, sous mille formes à l'état de sel : le phosphore, la soude, la potasse, la chaux, la magnésie, le fer, l'antimoine, etc., y forment des composés multiples, dont la chimie moderne n'a pas encore eu le dernier mot.

Les animaux sont plus riches que chacune des plantes dont ils se nourrissent; aussi trouve-t-on peu de substances dont la composition soit assez complexe, et le petit nombre de celles qui passent pour aliment complet, comme le lait, la viande, le foin, quelques grains, quoique pouvant, par la multiplicité des principes dont ils se composent, entretenir le corps animal, ne paraissent pas suffire d'une manière absolue à toutes les exigences de la nutrition. Leur association augmente leur qualité nutritive, tant par l'influence qu'elle exerce sur l'activité des fonctions digestives, que par la variété des matériaux qu'elle offre à la reconstitution du sang et des tissus.

2. — Des équivalents nutritifs.

Pour déterminer d'une manière précise la valeur nutritive des substances alimentaires, il faudrait donc connaître le nombre et la quantité relative de tous les corps qui composent l'organisme, fixer d'une manière exacte les pertes journalières, établir des comparaisons avec la composition des aliments, opérer des rapprochements pénibles et difficiles.

TABLE D'ÉQUIVALENTS D'APRÈS LA RICHESSE EN AZOTE. — On conçoit tout de suite les difficultés de pareilles recherches; il est heureusement possible de les simplifier : tous les corps qui concourent à la nutrition des organes n'ont pas la même importance. Il en est qui jouent un rôle capital dans la composition des êtres organisés, et la valeur des aliments paraît être dans un rapport direct avec la proportion qu'ils en contiennent tels sont : l'azote, les corps gras, le carbone. Mais l'observation ayant démontré que l'azote est de ces trois principes celui qui fait le plus souvent défaut, tandis que les corps gras et le carbone se rencontrent presque toujours en quantité suffisante, les chimistes ont voulu représenter la valeur nutritive par la quantité d'azote, et prenant le foin normal pour terme de comparaison, parce qu'il paraît contenir toutes les matières nécessaires à l'organisation en proportion convenable, puisqu'il nourrit les animaux à lui seul, ils lui ont rapporté tous les autres aliments d'après leur richesse en matière azotée. Ils ont ainsi formé des tables d'équivalence nutritive, dont la suivante, empruntée à M. Boussingault, pourra nous donner une idée[1].

___

[1] Boussingault, *Économie rurale*, 2ᵉ édit., t. II, p. 356. — *N. B.* Dans ce tableau se trouve également déterminée la proportion de corps gras. Nous verrons plus loin l'importance du rôle qu'ils ont à remplir.

TABLEAU DE LA CONSTITUTION DES SUBSTANCES VÉGÉTALES ALIMENTAIRES.

DÉSIGNATION.	EAU.	PHOSPHATES ET AUTRES SELS.	LIGNEUX ET CELLULOSE.	MATIÈRES GRASSES.	AMIDON, SUCRE OU ANALOGUES.	ALBUMINE, LÉGUMINE, CASÉINE.	AZOTE.	ÉQUIVAL. NUTRITIFS DÉDUITS DE L'AZOTE.
Foin de prairie	15. 0	7. 6	24.4	3 80	44. 4	7. 2	1 15	100
Regain de foin	14.10	8. 0	21.5	3.50	45. 5	12. 4	1.98	58
Trèfle rouge en fleur, fané.	20. 0	5. 0	22.0	3.20	39. 2	10. 6	1.70	67
Trèfle rouge en fleur, vert.	77. 0	1. 4	5.3	0.90	11. 5	3. 1	0.50	230
Paille de froment	26. 0	5. 1	28.9	2.20	35. 9	1. 9	0.50	383
— de seigle	18. 0	3. 0	32.4	1.50	43. 0	1. 5	0.24	479
— d'avoine	21. 6	3. 6	30.0	3.10	38. 4	1. 9	0.30	583
— d'orge d'hiver	14. 2	4. 0	34.4	1.70	4.38	6. 9	2.30	385
Betterave champêtre.	87. 8	0. 7	2.2	0·10	7.90	1. 5	0.21	548
Betterave blanche.	84. 0	0. 6	2.0	0.10	11.70	1. 6	0.25	462
Carottes	87. 6	0. 6	0.7	0.20	9 0	1. 9	0 50	383
Pomme de terre jaune.	75. 9	0. 8	0.4	0.20	20. 2	2. 5	0.40	287
Pomme de terre rouge.	70. 0	0. 9	0.6	0.20	25. 2	3. 1	0.50	230
Topinambour	79. 2	1. 1	1.2	0.50	16. 1	2. 1	0.53	348
Navets blancs.	92. 5	0. 5	0.3	0.20	5.10	0. 8	0.13	884
Choux pommés.	90. 1	0. 8	0.6	0.90	5. 3	2. 3	0.57	311
Blé rouge	14. 5	2. 0	2 1	1. 5	67. 6	12. 3	1.97	58
Balles de froment.	11. 5	9.30	20.3	1.40	54. 3	5.20	0.83	139
Seigle	16. 6	1. 9	3.0	2 00	67. 6	8. 9	1.42	81
Maïs	17. 0	1. 1	1.5	7.01	61. 9	12. 3	2.00	58
Avoine	14. 0	3. 9	4.1	5.50	61. 5	11. 9	1.90	61
Riz	14. 6	0. 5	0.9	0.50	76. 0	7. 5	1.20	96
Sarrazin	13. 0	2. 5	3.5	3. 9	64. 0	12. 1	2.00	58
Fèves de marais.	16. 0	3. 6	3.0	1. 5	51. 5	25. 4	3 90	29
Pois jaunes	8. 9	2. 0	5.6	2.00	59. 6	23 9	3.83	30
Lentilles	12. 5	2. 2	2.1	2.50	55. 7	25. 0	4.00	29
Glands secs décortiqués.	20. 0	1. 6	4.6	4.30	64. 5	5. 0	0·80	144
Tourteaux de colza	10. 5	7. 7	9.4	10.00	32. 5	30. 7	4.92	23
Tourteaux de faine.	10. 0	6. 8	5 6	1.00	6. 4	16 8	2.69	43

Applications de la table d'équivalents. — Les équivalents nutritifs, ainsi déterminés d'après la richesse en azote, peuvent donner, avec quelque exactitude, une idée de la valeur des aliments,
quand on compare des substances analogues, comme les fourrages
entre eux, les grains avec les grains, etc.; mais ils s'éloignent beaucoup de la vérité quand on compare entre elles des matières dis-
semblables. J'explique ma pensée par un exemple : 16 kil. de bon
foin normal peuvent entretenir un cheval du poids de 500 kil.
D'après M. Boussingault 16 kil. de foin contiennent :

Matières azotées . . . . . . 1 k. 16
Matières grasses . . . . . » 61
Matières carbonées digestibles. 7 10

Supposons maintenant que l'on voulût remplacer cette ration de foin par un équivalent de tourteaux de colza. En consultant le tableau qui précède nous verrons que 3 kil. 70 de tourteaux contiendront autant d'azote que 16 kil. de foin. Il suffit de dénoncer ce chiffre pour comprendre que la ration qu'il représente est complétement insuffisante. La raison de cette insuffisance résulte de la différence de corps gras et de matières carbonées contenues dans les deux rations. En effet, tandis que 16 kil. de foin peuvent fournir 0,61 de graisse et 7,10 de matières carbonées, 3,70 de tourteaux n'en renferment que 0,377 des premiers, et 1 kil. 22 des secondes. Pour représenter dans la ration la quantité de corps gras et de matières carbonées contenus dans le foin, il faudrait donner un peu plus de 21 kil. de tourteaux.

L'on voit, tout de suite, les erreurs que l'on pourrait commettre s l'on ne tenait compte que d'une seule des substances qui entrent dans la composition des matières alimentaires, et nous sommes forcés d'admettre ce principe, qu'en général de deux rations contenant chacune la même proportion d'azote, celle-là sera la plus nutritive qui contiendra une plus forte proportion de sucre, d'amidon, de graisse, en un mot, d'aliments respiratoires [1].

Des discordances moins prononcées, mais encore très-sensibles, peuvent se remarquer même lorsqu'on compare entre elles des substances analogues, telles, par exemple, que le foin et la luzerne. Le premier de ces deux fourrages ne contient que 1,15 d'azote, à l'état sec, le second en renferme 1,92. 60 kil. de luzerne auraient donc une valeur de 100 kil. de foin. Aucun praticien a-t-il jamais observé qu'il fallût presque la moitié moins de luzerne que de foin pour entretenir les animaux ? Tout le monde sait, au contraire, que ces deux substances ont à peu près la même valeur dans la pratique. Si nous comparons leur richesse en corps gras, nous arrivons à un résultat plus conforme à la vérité. Le foin, en effet, contenant 3,80 de corps gras, et la luzerne 3,50, il faudrait 109 kil. de cette dernière pour remplacer 100 kil. du premier.

Enfin les recherches de M. Boussingault sont venues démontrer

____

[1] Boussingault, *Économie rurale*, t. II, p. 271.

avec le secours de la théorie que le mélange des mêmes aliments dans des proportions différentes pouvait faire varier les résultats, même en tenant compte à la fois des principes gras et des matières azotées. Le cas se présente lorsque l'une des substances ne contient pas assez de principes gras, tandis qu'ils sont en excès chez l'autre. Prenons, par exemple, la substitution des pois au foin normal et suivons avec M. Pierre les changements qui vont s'opérer dans la valeur nutritive suivant les proportions du mélange. Nous avons déjà vu que 16 kil. de foin contiennent 7,10 de matières carbonées 0,61 de graisse, ce qui équivaut à 3 kil. 59 de carbone. Mais comme il est démontré par l'expérience qu'un cheval de 500 kil., poids que correspond à cette ration, ne dépense par jour que 3 kil. 01 de carbone, les 16 kil. de foin contiennent ce corps en excès.

« Si nous remplaçons une partie de ce foin par des pois, dit M. Pierre, de manière à ne pas augmenter dans la ration mixte, la proportion d'azote, nous trouvons que 12 kil. de foin contiennent dans les principes carbonés digestibles l'équivalent

de	2 k. 69 de carbone
Et que 1 kil. 2 de poids en contiennent	0 32
Total.	3 k. 01

Cette ration mixte renferme d'ailleurs autant de matières azotées que 16 kil. de foin. Elle devra donc être suffisante ; mais elle conduit à admettre que 1 kil. 2 de pois équivalent à 4 kil. de foin, ou que, 33 des premiers équivalent à 100 kil. du second. »

D'après ses analyses, M. Pierre est arrivé à représenter par 68 l'équivalent nutritif des pois. « Si nous voulons, ajoute-t-il, remplacer par une suffisante quantité de pois la moitié de la ration de foin, nous devrons, pour y trouver les 3 kil. de carbone indispensables, composer ainsi la ration :

Foin 8 kil. contenant carbone respiratoire.	1,79
Pois 4,5	1,21
Total.	3,00

Ce qui nous conduirait à considérer 4,5 de pois comme l'équivalent de 8 kil. de foin, ou à prendre 50 de pois comme l'équivalent nutritif de 100 kil. de foin.

Ainsi, cet exemple est la démonstration évidente de la proposition formulée plus haut, puisque les pois se trouvent représentés dans un cas par une équivalence de 35, dans un autre par celle de 68, et en dernier lieu par 50. Et l'on peut en tirer cette induction, qu'il est essentiel de connaître exactement la composition des aliments pour établir des compensations entre les différents corps dont ils sont constitués, de manière à utiliser tous les matériaux le plus convenablement possible.

Malheureusement l'emploi de la méthode chimique pour la détermination des équivalents nutritifs, exige des connaissances que n'ont pas habituellement les cultivateurs, et ceux qui les possèdent rencontrent encore de grandes difficultés pour l'appliquer. Pour s'en convaincre il suffit de considérer que les mêmes plantes peuvent avoir des différences nutritives suivant le sol sur lequel elles se sont développées, suivant la saison pendant laquelle elles ont été récoltées, et la manière dont elles ont été préparées. Pour surmonter cette première difficulté il faudrait donc faire une nouvelle analyse dans chaque cas particulier et pour chaque récolte nouvelle, et quand on en serait là, la solution ne serait pas trouvée encore ; il faudrait tenir compte de circonstances qui sont indépendantes des plantes elles-mêmes. Qui ne sait, par exemple, que les animaux n'utilisent pas tous les aliments de la même manière? Le parti qu'ils en tirent ne diffère-t-il pas suivant l'espèce, la race ou l'individu?

Le regain est plus riche que le foin en matières azotées ; il contient à peu près autant de corps gras. Cependant on s'accorde à considérer le dernier comme beaucoup plus nutritif lorsqu'il est donné au cheval, tandis que le regain paraît nourrir aussi bien, et même mieux que le foin, lorsqu'il est donné aux bœufs ou à la vache laitière. Ainsi le seigle, qui contient plus d'azote et autant de carbone que l'avoine, nourrit beaucoup moins bien le cheval que cette dernière, ou tout au moins ses forces se trouvent diminuées par l'usage du seigle.

Que penser des races dites perfectionnées, qui ont la faculté de produire plus avec moins de nourriture? Les aliments ne doivent-ils pas être considérés comme ayant, quant à ces races, une valeur supérieure à celle qu'ils auraient s'ils étaient consommés par les races ordinaires? Mais quand tous ces obstacles seraient vaincus, le dernier mot ne serait pas dit encore; car il y a dans les plantes quelque chose qui échappe à l'analyse. Elles possèdent des propriétés spéciales résultant de modifications moléculaires intimes que les réactifs ne peuvent atteindre. La chimie ne pourra jamais donner une idée des propriétés médicales et organoleptiques des aliments.

Et puis, les substances nutritives ne sont pas toujours associées, dans les aliments, dans les proportions qui conviennent le mieux aux organes. Et parmi ceux-ci, tous n'ont pas la même digestibilité, tous ne cèdent pas avec une égale facilité leurs matériaux alibiles. Ces derniers se trouvent emprisonnés dans une trame cellulo-fibreuse, une espèce de gangue, plus ou moins compacte, dont ils ne se dégagent qu'avec plus ou moins de peine. La fécule, le tissu poreux d'une tige herbacée, la trame molle d'une racine charnue sont plus complétement accessibles aux sucs digestifs que le fourrage desséché, les tiges ligneuses, les pailles de nos graminées; et de ce que le chimiste tire avec divers réactifs tous les éléments nutritifs de l'aliment, il ne faut pas en conclure que l'animal puisse, par la digestion, extraire tout ce qu'en peuvent isoler les longues manipulations de l'expérimentateur.

Les équivalents déduits de la composition chimique ne peuvent donc pas représenter la valeur nutritive avec une précision rigoureuse.

DÉTERMINATION DES ÉQUIVALENTS PAR LA MÉTHODE EXPÉRIMENTALE. — Quelques praticiens ont pensé qu'ils arriveraient plus sûrement au résultat désiré par l'expérience directe. Pasth, en Allemagne, Mathieu de Dombasle, en France, ont fait des expériences qui peuvent passer pour des modèles du genre. Ils ont nourri des animaux d'un poids déterminé avec du foin de prairie naturelle bien récolté; comparant ensuite les autres aliments au foin pris pour unité, ils ont exprimé par des chiffres la quantité qu'il en fallait pour remplacer le foin et entretenir les animaux dans le même état. Ces chiffres ont été considérés comme exprimant leur valeur relative et comme la représentation de la quantité pondérable d'après laquelle les substances alimentaires peuvent se substituer mutuellement dans la composition des rations.

Mais la méthode expérimentale, pas plus que la méthode chimique, n'est exempte d'erreur; elle rencontre sur ses pas les mêmes difficultés. Ici encore l'obstacle le plus considérable à surmonter réside dans la variabilité de la valeur nutritive des plantes et du foin lui-même, qui doit servir d'étalon, suivant le lieu où il a été récolté, suivant la flore de la prairie, suivant la nature des engrais, la proportion d'eau qu'il contient, etc.

Les différences résultant des races, des aptitudes individuelles, peuvent aussi faire varier les résultats. Il est certain que les bêtes d'engrais n'utilisent pas de la même manière que les bêtes de travail, les mêmes principes Il faut donc que les deux méthodes se prêtent un mutuel appui. Quand la valeur en azote, en corps gras, etc., a été fixée par l'analyse chimique, il faut que l'expérience directe vienne confirmer les provisions théoriques. C'est en quelque sorte une nouvelle étude à faire dans chaque cas particulier. Cependant il est permis de formuler quelques principes généraux qui sont d'une grande utilité dans la pratique :

1° Un aliment est d'autant plus nutritif qu'il contient sous un moindre volume une plus forte proportion d'azote, de corps gras et de principes carbonés, tels que : amidon, sucre, alcool, gomme, fécule, etc.;

2° Les aliments riches en azote et en corps gras contiennent toujours une proportion suffisante de matières minérales ;

3° Entre plusieurs aliments contenant une suffisante quantité de corps gras et de principes carbonés digestibles, les plus nutritifs sont ceux qui possèdent le plus d'azote;

4° Entre plusieurs aliments également riches en azote, les plus nutritifs sont ceux qui possèdent plus de corps gras et de matières hydro-carbonées;

5° Les principes riches en azote conviennent plus particulièrement aux animaux qui n'ont pas encore terminé leur croissance et aux bêtes de travail ; les aliments riches en principes gras et en matières carbonées digestibles sont mieux appropriés aux bêtes d'engrais.

Nous avons déjà implicitement démontré cette proposition au commencement de ce chapitre, lorsque nous avons dit que les substances azotées servaient plus particulièrement à former les muscles, et que les animaux avaient la faculté de mettre en réserve les corps gras qui leur étaient fournis en excès par les aliments. Nous croyons utile d'ajouter quelques développements.

Les principes immédiats azotés servent à former les muscles, avons-nous dit; mais c'est là une affirmation dont nous n'avons pu donner la preuve directe, parce qu'elle n'a pas encore été fournie par la science. Cependant les physiologistes, jugeant par analogie de composition, s'accordent pour admettre que l'albumine, la légumine, le gluten, etc., des plantes, passent en nature dans le sang pour former l'albumine et la fibrine que l'on trouve dans ce fluide, et quoique le fait ne soit pas rigoureusement démontré, il est extrèmement probable que la fibrine du sang sert à la nutrition des muscles, puisqu'ils en sont presque entièrement formés.

L'influence du régime sur les aptitudes des animaux semble confirmer cette hypothèse. En effet, lorsqu'on veut préparer un cheval pour l'hippodrome, lorsqu'on veut développer en lui le système musculaire et augmenter son énergie, on lui donne des aliments secs, excitants, contenant, sous un petit volume, une forte proportion d'azote ; on le place, en même temps, dans des conditions opposées à celles qui favorisent la production de la graisse. Par l'exercice, le pansage, les sueurs, on active la dépense des principes hydro-carbonés. On concentre tous ses efforts sur les organes actifs de la locomotion, c'est-à-dire, sur le système musculaire, et on parvient ainsi, sinon à augmenter sa masse d'une manière absolue; parce qu'elle pourrait devenir nuisible par son poids, du moins à établir sa prépondérance en diminuant tout ce qui n'est pas lui.

Production des matières grasses. — En ce qui concerne les matières grasses, M. Ev. Home en fixe l'origine dans l'intestin. Il pense qu'elles sont, comme le chyle, un produit de la digestion. Cette opinion repose sur l'existence de la graisse dans l'intestin des vertébrés ovipares, à l'état des fœtus, sur l'introduction des matières grasses peu ou point modifiées, dans le chyle, et sur l'existence positive de la graisse émulsionnée dans le sang pendant la période digestive. Les animaux qui trouvent des matières grasses toutes formées dans les aliments n'ont donc plus qu'à les absorber et à les déposer dans les tissus.

Mais il paraît certain aussi que, dans quelques circonstances, les substances grasses contenues dans les aliments dont un animal fait usage, n'égalent pas toujours celle qui se forme dans le corps de cet animal. Nous avons déjà cité des expériences à l'appui de ce fait. Il faut donc que les forces de l'organisme vivant aient la faculté de créer de la graisse en agissant sur des substances autres que les matières grasses des aliments. Il est probable que la graisse ainsi créée en excès de celle contenue dans les aliments, est formée aux dépens des matières qui ont avec elle une grande analogie de composition, très-probablement aux dépens des matières ternaires, non azotées, telles que : l'amidon, le sucre, la gomme, etc. Il suffit en effet que ces substances perdent quelques atomes d'oxygène pour que leur composition chimique devienne identique à celle de la graisse. Pour favoriser l'engraissement, les aliments doivent donc contenir beaucoup de matières grasses, de fécule, d'amidon, de sucre, etc., et le régime des bêtes d'engrais différera essentiellement de celui des chevaux ou des bœufs de travail, en raison même de la différence des besoins développés par des aptitudes opposées. A ceux-ci des substances sèches, aux premiers des fourrages verts, une alimentation aqueuse. Au cheval, du foin de prairie naturelle,

de la paille, de l'avoine, de l'orge, des féveroles, etc. Au bœuf, du
regain, du foin de prairie artificielle, des farineux, du maïs, des
pois, de la betterave riche en sucre, des pommes de terre présque
entièrement formées de fécule, des tourteaux, de la graine de lin,
des résidus de distillerie, etc., toutes substances contenant une
forte proportion, soit de corps gras, soit de sucre, soit d'amidon,
soit d'alcool.

A l'un, l'exercice, le grand air, la liberté; à l'autre, le repos, un
air confiné. D'un côté aussi se trouvent la force, l'énergie, la vigueur musculaire, la puissance de la respiration; de l'autre, la
mollesse, le relâchement des tissus, l'affaiblissement de l'activité
respiratoire. Et, comme des causes opposées produisent des effets
différents, il se trouve que dans le premier cas, c'est le développement des muscles qui est favorisé, et dans le second, la secrétion
adipeuse, ou le dépôt de la graisse dans tous les organes; faculté
précieuse dont l'homme a su profiter, et qui lui a permis de considérer les animaux comme des machines vivantes, auxquelles il
s'est habitué à demander des produits, qui répondent toujours à
son attente, lorsque, d'ailleurs, les divers rouages en sont bien coor-
donnés.

Tables d'équivalents d'après la richesse en matières grasses. —
En raison de l'importance du rôle que les matières grasses, contenues dans les aliments, sont appelées à jouer, au point de vue de
l'engraissement, les chimistes ont cherché à déterminer la valeur
relative de ceux-ci d'après la proportion de ces matières. L'une des
colonnes du tableau de M. Boussingault, que nous avons transcrit
plus haut, indique la quantité relative de corps gras contenus dans
les différentes substances qui y sont désignées. Une autre colonne
sert à marquer la proportion des autres principes hydro-carbonés.
Il peut donc être consulté avec le plus grand fruit.

Cependant nous croyons utile d'emprunter le tableau suivant à
M. Pierre, où il a résumé les principaux résultats fournis par
MM. Dumas, Boussingault, Payen[1].

[1] Ces nombres ne représentent, pour la plupart, que des résultats
moyens.

	MATIÈRE GRASSE PAR KILOGR.	POIDS ÉQUIVALENTS.
Foin normal.	35 gram.	100
Trèfle fané.	40	87
Trèfle vert.	13	202
Trèfle fané plus avancé.	32	109
Luzerne fanée.	35	100
— en vert.	10	350
Sainfoin fané.	31	113
— en vert.	11	318
Paille d'avoine.	51	69
— de blé d'Afrique	32	109
— de blé d'Alsace	22	159
— des environs de Paris.	24	146
Balles de froment.	25	140
Maïs commun.	88	40
Gros maïs blanc (Paris).	81	44
Maïs à bec de Lombardie.	78	45
Avoine.	48	73
— rouge de printemps.	53	67
Froment.	25	139
Seigle.	18	194
Riz.	11	345
Féverolles.	20	175
Pois.	20	175
Lentilles.	25	139
Haricots.	30	120
Gros son de froment.	52	68
Petit son.	48	73
Remoulage	50	70
Farine de froment.	21	167
Betteraves (disette).	1	3500
— blanche de Silésie à sucre	1.1	3450
Pulpe de betterave obtenue par la presse hydraulique.	6 3	556
Pommes de terre.	0.9	3890
Carottes.	1.8	1950
Topinambours.	2.1	1630
Turneps.	4.5	750
Navets à collet vert.	4.8	725
Drèche de bière.	1.8	2600
Drèche de genièvre.	8.3	420
Graine de lin.	350	10
Tourteaux de lin	80	43
— d'œillette.	125	28
— de colza	120	29
— d'arachide.	120	29
— de sésame.	130	26
— de cameline.	122	29
— de chanvre.	63	56
— de faines.	40	87

3. — De l'assimilation des substances alimentaires.

Mais il ne suffit pas que les aliments, par leur composition chimique, ressemblent aux substances qu'ils doivent former; en d'autres termes, il ne suffit pas qu'ils soient riches en corps gras, en azote, en sels minéraux; il faut encore qu'ils puissent céder avec facilité leurs matériaux alibiles, lorsqu'ils sont soumis à l'action digestive. C'est ce qui constitue leur digestibilité. Elle n'existe pas au même degré dans toutes les matières alimentaires. Elle est plus ou moins prononcée, suivant que celles-ci contiennent plus ou moins de parties solubles, du ligneux ou de la cellulose; suivant que la trame des végétaux est plus ou moins serrée. Il existe sous ce rapport une grande différence entre les matières fibreuses, telles que le foin, l'ajonc, les plantes sous-frutescentes, et les fruits pulpeux, les racines charnues. D'une mastication plus longue et plus difficile, les premiers doivent exiger une plus grande dépense de salive, de suc gastrique. Ils doivent faire dans l'estomac un séjour plus long, avant d'être divisés, broyés, transformés en chyme, et peut-être ne cèdent-ils jamais la totalité de leurs parties utiles. Les seconds exigent moins d'efforts, ne soumettent pas l'appareil digestif à un travail aussi pénible, ils sont plus promptement et plus complétement digérés. Il est donc important de connaître le degré de digestibilité des aliments, afin d'apprécier aussi exactement que possible leur valeur nutritive. Les physiologistes ont cherché à la déterminer expérimentalement soit en faisant agir du suc gastrique dans des vases, soit en pratiquant des anus artificiels, soit en sacrifiant les animaux après leur avoir fait manger les aliments qu'ils voulaient observer. Ils sont arrivés à reconnaître un certain rapport entre cette propriété et leur dureté, leur sapidité, leur porosité, et surtout leur solubilité dans l'eau, les dissolutions alcalines et les acides étendus.

CLASSIFICATION DES ALIMENTS D'APRÈS LEUR DIGESTIBILITÉ. — M. Magne classe les aliments de la manière suivante d'après leur digestibilité : sucre, gomme, albumine liquide, amidon, osmazôme, farine, fruits pulpeux, résidus de distillerie; viennent ensuite le gluten, la fibrine, les grains, les graines, les tourteaux; enfin, les herbes vertes, les herbes fanées, les foins naturels ou artificiels, les pailles, les herbes fortes et coriaces des terrains marécageux.

VOLUME DES ALIMENTS. — Cependant, dans les actes de la vie animale, il y a toujours une complexité de causes et d'effets, qui souvent ne permet pas de les étudier isolément. Ici l'idée de digestibilité s'associe forcément à celle de volume. Une substance très-molle, très-soluble, très-digestible, pourra être peu nutritive si elle n'a pas le volume nécessité par les dispositions organiques de l'espèce. Les herbivores, appelés à ingérer des substances alimentaires volumineuses, ont un tube digestif dont la capacité est appropriée à sa destination. Si on voulait changer leurs habitudes en leur laissant consommer des aliments moins volumineux qu'à l'ordinaire, il arriverait que les fibres musculaires de l'intestin, ne pouvant plus s'exercer sur des substances capables de leur offrir une certaine résistance, diminueraient d'énergie, ralentiraient leur action et avec elle s'affaiblirait l'activité de tous les phénomènes digestifs.

Malheureusement, dans cette question, la nature des choses n'admet guère de recueillir des données précises, qui puissent se traduire en règles pratiques. Néanmoins, on peut considérer le bon foin comme étant, à cet égard, l'aliment normal. Il paraît offrir un rapport convenable entre la faculté nutritive et le volume. Quelle que soit donc la manière dont on compose la ration, celle-ci ne devra jamais beaucoup s'éloigner de ce rapport.

D'après M. Weckerlin, en admettant que 100 k. de foin aient un volume de. 100
   100 kilog. de paille auront un volume de. 100
   100   d'orge. 20
   100   de betteraves. 18
   100   de pommes de terre. 15

— Ainsi un bœuf dont la ration habituelle serait de 20 kilogr. de foin ajoute M. Moll[1], se trouverait mal d'une ration composée de 5 kilog. de foin et 50 kilog. de pommes de terres, et plus mal encore de 6 kil. de foin avec 7 kil. d'orge, car si chacune de ces deux rations est l'équivalent de 20 kilogr. de foin pour la faculté nutritive, elles en diffèrent notablement par le volume, la 1re n'ayant que 9,50 et la seconde que 7,40 volumes au lieu de 20 que présente la ration au foin seul. « C'est là peut-être ce qui explique l'avantage que l'on trouve généralement à remplacer une partie du foin par son équivalent en paille, comme le font les nourrisseurs de Paris, lorsqu'on donne beaucoup de racines, de son et de tourteaux, et c'est ce qui explique peut-être aussi le peu de résultats obtenus souvent avec

connaissance générale du bœuf, par MM. Moll et Eug. Gayot, xLix de l'introduction,

des rations très-riches en principes nutritifs, mais d'un volume trop
faible. »

RAPPORT ENTRE LE VOLUME ET LA DIGESTIBILITÉ DES ALIMENTS. —
L'on comprend qu'il doit y avoir entre la digestibilité, le volume
des aliments et les dispositions organiques des animaux, des rapports variables non-seulement suivant les espèces, mais encore
suivant les races, suivant des différences individuelles, difficiles à
définir, mais qu'une longue expérience permet d'apprécier. Par
l'habitude d'observer les faits, d'établir entre eux des comparaisons
judicieuses, l'engraisseur arrive à connaitre ce qui convient le
mieux à chaque animal, et dans quelles circonstances il peut être
opportun de changer le volume de la ration, et d'en augmenter la
digestibilité en faisant subir aux aliments des préparations qui en
modifient les propriétés physiques et chimiques, soit par l'addition
d'une autre substance, soit par la division, soit en leur faisant subir
une digestion artificielle et préparatoire.

Le cas le plus fréquent où il puisse paraître utile de faire subir
aux aliments des préparations qui en modifient les propriétés, se
présente lorsque l'homme, pour atteindre un but économique, éloigne les animaux des conditions ordinaires de leur existence, tel est,
par exemple, le bœuf que l'on veut amener à un haut degré d'obésité. Les grands herbivores domestiques qui vivent en liberté ou qui
sont soumis au travail, se trouvent bien d'une nourriture qui, tout
en contenant une quantité de matières digestibles proportionnée à
leurs besoins, ait un volume déterminé et une certaine consistance.
L'exercice, en accélérant chez eux la respiration et la circulation
du sang, augmente la production de la chaleur, active le mouvement
vital, tonifie tous les organes, et donne au tube digestif la faculté
d'exercer une action puissante sur les matières alimentaires, dures,
fibreuses, résistantes qui leur sont soumises, et d'en extraire le plus
complétement possible toutes les parties utiles. Mais lorsque, con-
trairement aux lois de la nature, on détruit l'équilibre fonctionnel
en vue d'un résultat économique à obtenir, lorsqu'on les condamne
au repos, dans un air confiné, au milieu d'une atmosphère chaude
et humide, on amène dans leur manière d'être des changements
radicaux, auxquels leur constitution est déjà le plus souvent préparée
de longue main. Le mouvement vital se ralentit; la chaleur est
produite en moins grande quantité; la perspiration pulmonaire, la
transpiration cutanée diminuent; tout ce qui auparavant était
dépensé pour les besoins d'une plus grande énergie fonctionnelle,
tourne au profit de la sécrétion adipeuse. Mais, par contre, l'élé-

ment lymphatique acquiert une prédominance marquée sur les autres systèmes. Les forces s'affaiblissent, les sens se calment, les muscles, tout en conservant leur volume, ne se tendent plus avec la même vigueur, tous les organes n'exécutent plus qu'avec mollesse les fonctions qui leur sont assignées, et les organes digestifs, comme les autres, perdent de leur énergie et deviennent moins capables de triturer, broyer les substances dures, fibreuses, d'en séparer tous les matériaux alibiles.

Ces conditions, que l'on juge favorables à l'engraissement, iraient donc à l'encontre du but en diminuant l'activité digestive, si l'on n'avait la précaution de contre-balancer leur action, en choisissant des aliments appropriés à chaque période. Au commencement on donne les plus grossiers, pour passer successivement de ceux-ci à ceux qui sont moins fibreux et plus riches en principes nutritifs, en ayant le soin de réserver les moins volumineux et les plus digestibles pour les derniers temps de l'opération, et en leur faisant subir des préparations qui augmentent leur digestibilité.

PRÉPARATION DES ALIMENTS. — Dans ce but, on écrase, on hache, on divise les foins, les pailles, les racines, les tubercules, on concasse les grains et les graines, on les réduit en farine, afin qu'ils soient plus facilement broyés par la mastication et que chacune de leurs parties devienne plus accessible aux sucs intestinaux.

On les humecte avec de l'eau ; on les fait macérer ; on les dissout, on les suspend dans ce liquide. On fabrique des pâtes, des bouillies pour les rendre plus solubles et plus facilement absorbables. On augmente ces effets au moyen de l'eau chaude par la coction, l'infusion, la cuisson.

CUISSON DES ALIMENTS. — La cuisson modifie à la fois les propriétés physiques et chimiques des aliments ; elle les ramollit, leur enlève certains principes âcres, irritants, et elle rend leur amidon plus soluble, elle fixe l'eau dans leur substance et par conséquent elle en accroît la valeur.

Elle améliore les plantes appartenant aux familles des labiées, des ombellifères, des crucifères, en détruisant leurs principes irritants ; elle ramollit les tiges dures du maïs et du colza.

Les grains, les graines gagnent beaucoup à cette préparation. En rupturant le parenchyme, elle met à nu la matière contenue dans la graine de fécule.

Les pommes de terre, la betterave, la carotte, etc., nourrissent plus cuites que crues, et poussent davantage à la production de la graisse.

Cette opération s'effectue en faisant bouillir les matières dans l'eau, ou bien en faisant passer des courants de vapeur dans des réservoirs appropriés à cet usage. Dans ces derniers temps on a imaginé des appareils très-simples où l'on peut faire cuire les aliments d'une manière à la fois commode et économique.

FERMENTATION DES ALIMENTS. — Mais la cuisson entraine des frais de combustible qui font quelquefois renoncer à son emploi. On la remplace alors par la fermentation qui produit des effets analogues sans nécessiter les mêmes frais. Comme la cuisson, elle ramollit les matières qui la subissent, change leur composition, désagrége leurs particules, modifie leur saveur. Elle rend acidules les substances d'abord inodores, fades, insipides.

Elle crée des produits nouveaux qui varient suivant la nature des aliments soumis à son action : de l'amidon elle fait du sucre, du sucre elle fait de l'alcool ; elle transforme l'alcool en acide acétique. Elle exécute ainsi préalablement une portion du travail digestif.

On fait fermenter le foin, le regain seuls ou mêlés à de la paille, au moment où ils sont moitié fanés, où ils possèdent encore une partie de leur eau de végétation. Ils changent de couleur par cette opération, et, on les désigne alors sous le nom de foin brun. Le foin complétement fané fermente aussi. Tout le monde sait qu'il gagne en qualité par un séjour de quelques mois dans le grenier à foin, et que les animaux le mangent alors avec plus de plaisir.

Les résidus de distillerie, de féculerie, etc., sont des produits fermentés d'une grande utilité, lorsqu'on est à proximité des fabriques qui les fournissent, ou lorsqu'on peut avoir soi-même une distillerie agricole.

La germination des grains détermine, comme la fermentation, le passage de l'amidon et du sucre à l'état d'alcool. Les drèches de brasserie sont recherchées avec avidité par les animaux de l'espéce bovine. On verse souvent de l'eau chaude sur le blé, l'orge, l'avoine, le seigle, on laisse gonfler les grains avant de les donner. Quelquefois, on les fait macérer pendant 24 à 48 heures, jusqu'à ce qu'il y ait un commencement de germination.

Chacune de ces préparations tire son opportunité de la nature des aliments qu'on veut utiliser, de leur composition, du plus ou moins de dureté, de solubilité, de leurs parties constituantes. Dans tous les cas il faut mettre en ligne de compte les frais de manutention, le prix du combustible. Avant de modifier les procédés habituels il faut calculer si les dépenses se trouveront couvertes par la plus-value des aliments ainsi travaillés.

Elles augmentent les qualités des aliments simples qui les subissent ; mais leurs avantages les moins contestables se font remarquer lorsqu'elles s'appliquent à des mélanges dont elles opèrent
l'union intime, tout en améliorant les substances les unes par les
autres.

ALIMENTS COMPOSÉS. — Nous avons déjà vu que les animaux ne
peuvent trouver tous les matériaux qui leur sont nécesaires que
dans plusieurs aliments pris successivement ou mélangés ensemble.
Cette indication a non-seulement pour but de fournir aux organes
tous les éléments utiles à leur nutrition ou à la formation des produits que l'on veut obtenir, mais encore d'exciter l'appétit par la
variété des substances et d'engager les sujets à en consommer une
plus forte ration.

Pour la remplir, on stratifie les fourrages, ou les mélange plusieurs ensemble après les avoir préalablement coupés, hachés, divisés.
On joint la paille au foin, le regain à la paille, les feuilles de luzerne,
de trèfle, de sainfoin, aux balles de graminées. On arrose ces mélanges avec des dissolutions salines ou mucilagineuses, quelquefois
on y joint des tourteaux délayés.

On saupoudre de farine de grains, (orge, blé, seigle, maïs) les racines et les tubercules cuits et réduits en pulpe. D'autres fois on associe
les fourrages hachés, les tiges de maïs, les feuilles de différents
arbres, on les fait macérer dans de l'eau chaude, chargée de sel, ou
dans des vinasses. Par le même procédé on fait une bonne nourriture avec des orties, des siliques, du colza et des menues pailles. On
peut faire cuire le tout pour faire des soupes, ou bien verser sur ces
mélanges des racines cuites et réduites en bouillie.

PRÉPARATIONS FARINEUSES. — Lorsque les farineux forment la base
de ces mélanges, on fabrique des pains que l'on fait cuire dans
des fours et que l'on conserve pour l'usage. Les formules de ces
pains varient à l'infini.

Nous en prenons deux au hasard dans le traité d'Agriculture
pratique de M. Magne.

> Féveroles, k. 1,500
> Orge. . .   1,500
> Blé . . .   1,500 gr. (d'Arblay.)

> Farine de féveroles, 500 grammes,
> — d'orge,   —
> — de seigle,   —
> — de froment 600 gr. (Dailly.)

On peut remplacer une ou deux de ces farines par la pulpe de pommes de terre. On y fait entrer des balles de blé, des menues pailles, des débris de fourrage, du son, etc.

Dans les grandes exploitations, où l'on a besoin de préparer une certaine quantité de nourriture à la fois, on met les coupages dans de grandes cuves placées dans un lieu tempéré, à proximité de l'étable. On les tasse fortement et on les laisse deux où trois jours sans y toucher.

La masse s'échauffe, fermente, et on la donne aux animaux lorsque la main introduite dans la matière ne peut résister à la chaleur développée, ou bien lorsqu'il y a déjà un commencement de fermentation acide. Mathieu de Dombasle avait l'habitude de faire fermenter de la farine de maïs, de pois, d'orge ou de sarrasin, avec des pommes de terre cuites ou écrasées. Il ne commençait à distribuer cette pâte que lorsqu'elle était devenue aigre.

Dans les distilleries, pour utiliser les résidus, on nourrit des bœufs ou des vaches presque exclusivement avec des produits fermentés, et les animaux s'en trouvent bien.

4. — Des rations du bétail.

Après avoir étudié la composition chimique des aliments, leur valeur nutritive, les préparations qu'ils subissent, il nous reste à déterminer la quotité de la ration.

La quantité d'aliments qu'un animal consomme dans l'espace de 24 heures constitue sa ration.

RATION D'ENTRETIEN ET RATION DE PRODUCTION. — La ration totale peut se décomposer par la pensée en deux parties distinctes : l'une appelée, ration d'entretien, est représentée par la quantité d'aliments absolument nécessaires pour entretenir le corps dans le même état ; l'autre, appelée ration de production, est représentée par la quantité d'aliments donnés en sus de la ration d'entretien et qui doit servir tout entière à la fabrication des produits que l'on demande aux animaux.

S'il était possible de préciser *a priori* la ration des animaux dans les diverses circonstances, la zootechnie arriverait bientôt à la hauteur des sciences positives.

Malheureusement elle manque d'une théorie générale capable de relier les faits connus, et de permettre de prévoir les faits à venir.

Voici ce que l'on peut dire d'une manière générale : d'après les observations de M. Boussingault, les bœufs de grande taille consomment une ration de 1,5 pour 100 kil. de poids vivant. Les recherches de quelques auteurs, notamment de M. Alibert, ont prouvé que cette ration augmentait à mesure que le poids diminuait.

VARIATIONS DE LA RATION. — La ration complète, c'est-à-dire celle qui n'a d'autres limites que l'appétit des animaux peut être représentée, quant aux bêtes d'engrais, par les rapports de 5, 6 et 7 pour 100. M. Loiset cite des cas où la ration consommée s'est élevée jusqu'à 9 pour 100 du poids des animaux.

Mais la ration totale, comme la ration d'entretien, varie suivant le poids des animaux, et les faits observés ont permis à M. Alibert de formuler la loi suivante :

La ration complète, exprimée en foin, d'un animal, est au poids de cet animal dans un rapport d'autant plus grand que ce poids est plus petit.

Indépendamment de la taille et du volume, la ration peut varier suivant la race. M. Emile Jamet cite un exemple de vaches de Durham, entretenues à la ferme école de la Mayenne, qui ne consommaient que 1 kil. 750 pour 0/0 du poids vif, tout en donnant 18 litres de lait par jour ; tandis que des vaches contentines, donnant 20 litres de lait par jour, consommaient l'énorme ration de 6 pour 100 du poids vif.

L'état d'embonpoint est également à considérer. Des faits bien constatés prouvent que la ration est relativement plus forte lorsque les animaux sont très-maigres que lorsqu'ils sont en chair ou à une période plus avancée de l'engraissement. « L'époque la plus longue de l'engraissement, dit Favre, le temps pendant lequel les animaux consomment plus, et acquièrent proportionnellement moins en pesanteur, l'emploi le plus avantageux du fourrage est la consommation faite par l'animal maigre jusqu'à ce qu'il ait pris de la chair.»

Enfin le climat, la saison, l'âge des animaux, leur constitution particulière, exercent une certaine influence sur la ration consommée. Il faudrait donc apprécier leur action d'une manière exacte pour fixer celle-ci avec certitude. Mais comme il s'agit ici d'une question économique qui a pour but d'obtenir le maximum de produit, et comme ce produit ne peut être créé qu'au moyen d'une quantité correspondante de la matière première qui sert à la former, la règle la plus sûre de l'engraisseur sera de s'en rapporter à l'instinct des animaux. Une fois la qualité des aliments choisie, et leur mélange en telle proportion que l'on juge utile d'après les principes exposés dans le présent chapitre, la quantité à administrer, c'est-à-dire la ration, n'aura d'autres limites que leur appétit; il faudra leur en donner suffisamment pour qu'ils puissent manger à discrétion [1].

L'application de cette règle est essentielle au succès de l'engraissement. La ration d'entretien, en effet, coûte d'autant plus que la ration de production est plus faible : soit, par exemple, un bœuf de 500 kil. Si nous supposons avec M. Boussingault qu'il faille 1 kil. 500 grammes de foin pour entretenir 100 kil. de poids vif, la ration d'entretien pour ce bœuf sera de 7 kil. 500 grammes. Si l'on n'administre à cet animal que cette quantité de foin, ni il n'augmentera, ni il ne diminuera de poids; la ration sera donc consommée en pure perte.

Portons, au contraire, la ration à 12 kilogr. 500 grammes. Si, comme l'affirment divers auteurs, il faut 10 kilogr. de foin donnés en sus de la ration d'entretien pour produire 1 kilogr. de viande, les 5 kilogr. ajoutés fourniront 1/2 kilogr. de celle-ci qui coûtera, ration d'entretien comprise, la valeur de 12 kilogr. 500 grammes de foin.

Mais au lieu d'ajouter 5 kilogr. de foin à la ration d'entretien, ajoutons en dix; il y aura 1 kilogr. de viande de produite qui coûtera l'équivalent de 17 kilogr. de foin, soit 8 kilogr. 750 grammes pour 1|2 kilogr.

Enfin si au lieu d'en ajouter 10 kilogr., nous pouvions en ajouter 15 kilogr., nous aurions 1 kilogr. 1|2 de viande produite, pour 21 kilogr. 500 grammes de fourrage, soit 7 kilogr. 160 grammes pour 1|2 kilogr.

Ainsi dans le premier cas le 1|2 kilogr. de viande aura exigé une consommation de 12 kilogr. 500 de fourrage; dans le second, 8 kilogr. 750 grammes, et dans le troisième, 7 kilogr. 160 grammes.

Ajoutons à ces considérations que l'animal qui recevra la ration maximum arrivera plus vite au fin gras. Il y aura donc chez lui non-seulement une diminution de la ration d'entretien comparée au produit, mais encore l'économie d'une certaine quantité de ces rations d'entretien sur la durée totale de l'engraissement.

---

[1] C'est une erreur de croire que les animaux livrés à eux-mêmes prennent des indigestions par excès de manger. Cet accident n'arrive que chez ceux qui vivent d'un régime de privations, et qui trouvent accidentellement l'occasion de se repaître à discrétion. Poussés par la faim, ils mangent avec avidité et peuvent dépasser leurs besoins. Mais ceux qui sont abondamment nourris, ne vont jamais au delà des limites assignées par la nature.

Nous avons déjà dit que les aliments qui entrent dans la composition de la ration devaient avoir un certain volume, qu'ils devaient être de plus en plus nutritifs et variés. Nous en avons suffisamment développé les motifs pour que nous ne jugions pas utile d'y revenir.

Mais la ration totale se fractionne et se distribue en un plus ou moins grand nombre de repas. Il en est qui pensent qu'il vaut mieux donner peu à la fois et souvent pour éviter la fatigue de l'estomac. D'autres estiment, au contraire qu'il est préférable de ne pas déranger les animaux si souvent, ils se contentent de diviser la totalité de la ration en deux parties, afin de laisser aux bêtes un long intervalle de repos entre chaque repas. Cette précaution a pour but de leur permettre de ruminer à l'aise et de digérer d'une manière complète. Nous n'y ajoutons pas une grande importance. Que la nourriture soit distribuée en quatre ou en cinq repas ou en deux, cela importe peu à notre avis. Ce qui est essentiel c'est qu'une fois le nombre des repas réglé et les heures arrêtées, on ait le soin de ne plus rien changer à l'ordre établi. La ponctualité et l'exactitude sont de toute rigueur; car si l'on manque l'heure des repas, on voit les bœufs se tenir en éveil, se lever, se mouvoir, se tourmenter et cette agitation est nuisible à leur engraissement.

CHAPITRE IV.

MÉTHODES D'ENGRAISSEMENT

1. — Considérations générales.

Une fois les propriétés générales des aliments connues, pour en tirer le meilleur parti possible, il faut étudier la manière dont il convient de les administrer, en tenant compte des circonstances économiques. C'est ce qui constitue, avec les conditions diverses du régime extérieur, la méthode d'engraissement.

Nous avons déjà dit que les aptitudes s'excluent mutuellement. Il importe donc de placer les animaux dans des conditions différentes pour provoquer une déviation de la force vitable au profit de telle ou telle fonction selon le produit demandé. Lorsqu'on veut obtenir du travail, on favorise le développement de la force musculaire par l'exercice, le mouvement, le grand air, une nourriture excitante et tonique. Si l'on veut, au contraire, produire de la viande, il faut rechercher les conditions opposées, le repos, la tranquillité, la cha-leur, l'humidité de l'air, une demi-obscurité, une nourriture plus aqueuse que sèche, et surtout riche en principes gras.

Mais ces conditions ne peuvent être complétement remplies dans toutes les circonstances. Elles sont avant tout subordonnées aux con-ditions économiques, qui font varier la méthode d'engraissement suivant les localités, suivant la quantité de fourrage dont on dispose, suivant la nature des plantes cultivées, suivant le plus ou moins de perfectionnement de l'agriculture.

Là où la fécondité du sol fait pousser de riches herbages, obtenus sans frais de culture, comme dans les régions tempérées qui avoi-sinent le littoral de la mer; là où la culture intensive n'a pas en-core pénétré, où les bras manquent à l'agriculture, il peut être plus avantageux de faire consommer les aliments sur place, d'en-graisser les animaux par le régime du pâturage. Si toutes les con-ditions signalées plus haut ne se trouvent pas réunies : telles que le repos absolu, un air toujours chaud et humide, etc., les bêtes peuvent jouir d'une tranquillité relative et, en fin de compte, la perte occasionnée par une durée un peu plus longue de l'engraisse-ment, peut se trouver compensée par la suppression des frais de main-d'œuvre et les autres inconvénients attachés à toute autre méthode.

Dans les localités, au contraire, où toutes les terres sont cultivées, où les herbages ne réussissent pas très-bien, soit par le fait du ter-rain ou par celui du climat, dans les contrées où les tubercules, les fourrages-racines, les légumineuses, font partie intégrante de la culture alterne et forment la base des assolements, il n'y a plus de place pour le pâturage; tous les aliments sont consommés à l'étable. Il est possible de mettre les animaux dans des conditions telles que tout concoure à favoriser la quintescence de production.

C'est la méthode la plus perfectionnée, on la désigne sous le nom de stabulation permanente, à cause du repos continu des animaux dans les étables, et du rôle capital que jouent ceux-ci dans cette manière de procéder.

Enfin, les circonstances culturales peuvent se trouver combinées de telle manière qu'elles permettent l'alliance des deux méthodes précédentes: c'est le régime mixte.

De là trois méthodes distinctes : le pâturage, la stabulation per-manente et le régime mixte. Nous allons essayer de les étudier suc-cessivement.

2. — Pâturage.

L'engraissement des bœufs au pâturage se pratique en grand dans
la Hollande, dans l'Allemagne du nord, dans les embouches de la
Dombes, dans la Normandie, la Suisse, l'Angléterre, et dans tous les
pays où se rencontre à la fois un sol plantureux et un climat doux,
tempéré, qui n'expose pas les animaux à des variations trop brusques de température.

Il s'effectue plutôt l'été que l'hiver. Ce n'est que dans des conditions exceptionnelles que l'on soumet les bêtes d'engrais exclusivement au régime du pâturage pendant cette dernière saison,
parce qu'alors l'herbe est moins abondante dans les prairies, et
parce que le froid, nous l'avons déjà expliqué, est une cause de
perte pour l'organisme, et qu'il entraverait d'une manière fâcheuse
la marche de l'opération. Mais, quelle que soit l'époque à laquelle on
commence l'engraissement, quelle que soit la nature de la prairie,
naturelle ou artificielle, il est essentiel que le pâturage soit suffisamment fourni pour que les animaux puissent y prendre rapidement la nourriture qui leur est nécessaire, afin qu'ils aient le temps
de ruminer, qu'ils puissent se coucher, se livrer sans gêne à ce
doux repos dont ils éprouvent le besoin après un repas copieux, et
que nécessite une digestion laborieuse. Un herbage moins fertile
aurait pour effet d'obliger les animaux à courir çà et là, pour choisir les endroits les plus plantureux, de faire perdre beaucoup de
fourrage par le piétinement, de leur occasionner une fatigue nuisible, et d'accroître la durée de leurs repas, de telle manière qu'ils
n'auraient plus le temps de jouir de cette quiétude si favorable à
'entier accomplissement des fonctions digestives. Les pâturages
d'une fertilité médiocre sont réservés aux élèves, aux bêtes de travail. Les bêtes d'engrais ne devraient jamais sortir des riches embouches à moins d'ajouter un supplément de nourriture à celle
bu'ils trouvent dans les prés.

DIVERSITÉ DES PATURAGES. — Cependant, parmi les prairies qui
sont assez riches pour fournir les *pâturages d'engrais*, il existe encore des degrés divers de fécondité qu'il faut distinguer, pour ap-
proprier dans toutes les circonstances, la taille des animaux à l'a-
bondance des fourrages. Là où se rencontre le maximum de fertilité,
on a le soin de placer les bœufs les plus volumineux. Dans les prés
d'une fertilité relativement moindre, ceux d'une taille plus faible.

Pour mettre à la disposition des animaux une alimentation qui soit toujours en rapport avec l'activité des organes digestifs, il faut également livrer d'abord les parties du pâturage où l'herbe est moins abondante, et réserver les endroits les plus fertiles pour le moment où les organes digestifs, affaiblis par le dépôt de la graisse, exigent une nourriture plus substantielle, pour les dernières périodes de l'opération.

PATURAGES DE MONTAGNE, PATURAGES MOYENS. — Les pâturages ne diffèrent pas seulement entre eux par la quantité de fourrage qu'ils peuvent fournir, mais encore par la nature des plantes qui les composent. On les distingue en pâturages hauts ou de montagne, en pâturages bas, en pâturages moyens.

Les premiers ne fournissent pas les mêmes plantes, et celles-ci n'y ont pas les mêmes propriétés que celles qu'on rencontre dans les bas fonds, les animaux qu'on y engraisse, ont aussi des qualités différentes. Les uns ont un corps moins développé, une viande plus dure, plus fine, plus serrée ; les autres, au contraire, arrivent plus rapidement à un haut degré de graisse, mais leur viande, quoique bonne, n'a pas la même finesse. La différence est surtout sensible lorsqu'on compare les animaux de montagne avec les bœufs engraissés dans les lieux humides et marécageux.

Ce fait d'observation est parfaitement connu des chasseurs, en ce qui concerne le gibier. Tous savent que la viande de celui-ci n'a ni la même saveur, ni le même fumet, suivant le lieu où il a vécu.

PATURAGES SALÉS. — On estime particulièrement la viande des animaux engraissés sur les pâturages salés qui avoisinent le bord de la mer. Il en est qui doutent que le sel ait pour effet d'activer les progrès de l'engraissement ; mais tout le monde s'accorde à lui attribuer la propriété d'augmenter la qualité de la viande.

PATURAGES DANS LES PRAIRIES ARTIFICIELLES. — Dans tous les cas, les gazons, les prairies naturelles fournissent toujours une alimentation plus complète, en raison de la multiplicité des plantes qui les composent, que les prairies artificielles. Cependant les conditions culturales de la ferme peuvent être telles, qu'il soit utile de laisser subsister les prés de luzerne, de trèfle, etc., et de les faire pâturer par les animaux soumis à l'engraissement, plutôt que d'en faire consommer le produit à l'étable. Cette combinaison trouve son opportunité, par exemple, lorsqu'on commence l'exploitation d'une ferme négligée, et qu'on ne dispose pas de la quantité de fumier nécessaire pour adopter un assolement plus régulier et aussi court que possible. Dans ces cas, les prairies

artificielles fournissent des pâturages précieux pendant la saison
d'été. Pour leur donner des qualités qui se rapprochent, autant que
possible, de celles des prairies naturelles, on sème plusieurs plantes ensemble. On associe, suivant la nature du sol, le trèfle avec la
luzerne, le sainfoin, l'orge, la lupuline, les vesces, les gesses, le
seigle, etc. On y ajoute des plantes amères ou aromatiques qui agissent comme correctifs, comme assaisonnement. On obtient ainsi un
pâturage meilleur, d'une durée plus longue, qui donne de l'herbe
verte pendant tout l'été, lorsqu'on a le soin de choisir des plantes
dont la maturité arrive à des époques différentes, et une nourriture
plus riche de composition, plus nourrissante et plus salubre.

SOINS A DONNER AU BÉTAIL DANS LE PATURAGE. — Dans les pays où
l'on a de vastes étendues de terrain à livrer en pâturages, on laisse
les animaux en liberté, nuit et jour, pendant toute la durée de l'engraissement. Pour leur assurer la tranquillité qui leur est nécessaire, en entoure les prés de haies vives, de barrières, de rangées
d'arbres qui leur servent d'abri contre le vent. Dans le même
but, on construit des hangars, à côté desquels on dispose des abreuvoirs toujours fournis d'une eau pure et abondante.

Mais les bœufs jouissant d'une liberté complète, gaspillent une
partie du fourrage par le piétinement, ne rasent pas les plantes jusqu'au sol. Pour parer à cet inconvénient, on les enferme souvent
dans un espace circonscrit par des claies que l'on change de place
successivement, à mesure que le besoin s'en fait sentir. On arrive
ainsi à diminuer les pertes, et à faire consommer la totalité du pâturage d'une manière plus complète. D'autres fois on divise la prairie par des clôtures, en plusieurs enclos, que l'on livre aux bêtes
d'engrais les uns après les autres, en commençant par les parties
les moins fertiles. Cette disposition a l'avantage d'assurer aux animaux la plus grande tranquillité, et de favoriser la croissance des
plantes, en les abritant contre les vents du nord.

Comme les animaux destinés à l'engraissement doivent toujours
être nourris à satiété et trouver une nourriture qui leur permette
de prendre rapidement leur repas, on les change d'enclos avant
que l'herbe soit entièrement épuisée. Pour l'utiliser, ce qui reste
est fauché, fané et conservé pour l'hiver; ou bien, aux bêtes d'engrais, on fait succéder des chevaux, des élèves, des vaches laitières,
des bêtes à refaire. Les moutons viennent en dernier lieu raser
complétement la prairie.

Cette méthode, très-bien décrite par Weckerlin, caractérise particulièrement l'agriculture anglaise.

Pendant l'été, les bœufs font leurs repas le matin et le soir, ils pâturent même une partie de la nuit. Durant les plus fortes chaleurs du milieu du jour, ils se reposent dans les endroits ombragés et frais. Au printemps et en automne, lorsque les nuits sont froides, les heures les plus propices au pâturage sont celles du milieu du jour. Les bêtes cherchent à se mettre alors sous les hangars ou sous les abris naturels, pour éviter la fraîcheur des nuits et la rosée du matin.

Pâturage au piquet. — Il existe une autre manière de faire pâturer, décrite par Thaër, et appliquée en grand dans le Danemark. On la désigne par le nom de pâturage au piquet.

Son nom seul en donne l'idée. Elle consiste à tenir les animaux attachés à l'extrémité d'une corde, longue de trois à quatre mètres, et dont l'autre bout est fixé à un piquet planté en terre, en sorte que ceux-ci ne peuvent aller au delà d'un cercle limité par la longueur de la corde. On change le piquet de place lorsque l'herbe comprise dans le cercle de parcours est suffisamment rasée. Cette méthode a pour but d'éviter le gaspillage, mais elle exige une surveillance assidue, et ses inconvénients la font rejeter des grandes exploitations, au moins en France. Elle n'est guère usitée que chez les petits cultivateurs et pour deux ou trois animaux à la fois.

Le pâturage avec entraves est pour les animaux une cause de gêne qui doit le faire repousser complétement toutes les fois qu'il s'agit des bêtes d'engrais.

Surface nécessaire pour engraisser une tête de bétail au paturage. — Une question pleine d'intérêt si elle pouvait être résolue d'une manière satisfaisante se présente naturellement à l'esprit. Quel est l'espace de terrain nécessaire pour engraisser une tête de bétail par le régime du pâturage? Ce que nous avons déjà dit des différentes quantités de fourrages que fournissent les prés, fait préjuger qu'elle peut recevoir autant de solutions différentes qu'il y a de degrés dans la fertilité des pâturages. En Angleterre, dans le Nord de l'Allemagne, dans quelques contrées de la France, telles que la Normandie, le Charollais, etc., on trouve des herbages qui peuvent engraisser deux bœufs par hectare et qui se louent jusqu'à 200 fr. tandis qu'il en est qui peuvent à peine servir à cette opération, à cause du peu de fécondité du sol. En moyenne, un hectare doit fournir un herbage assez abondant pour engraisser un bœuf.

Généralement, chaque nourrisseur connaît par expérience le nombre de têtes de bétail que ses prés peuvent nourrir pendant la saison du pâturage, et il augmente ou diminue ce nombre suivant que le beau ou le mauvais temps ont plus ou moins favorisé la pousse de l'herbe.

L'opération qui a pour objet l'engraissement des bœufs au pâturage exige quelques soins de la part de l'herbager. Il doit veiller à la propreté des abreuvoirs, faire distribuer l'eau régulièrement, ménager des abris, faire entrer les animaux dans les étables pendant les orages ou les nuits froides du printemps et de l'automne, s'il n'y a pas de hangars dans la prairie. Il doit les conduire le soir, au moment où ils veulent se coucher, dans les endroits les plus maigres, afin qu'ils les fertilisent par leurs déjections. Enfin, si la nécessité s'en fait sentir, il doit placer des râteliers aux endroits les plus abrités pour distribuer aux bêtes une nourriture supplémentaire.

AVANTAGES ET INCONVÉNIENTS DU RÉGIME DU PATURAGE. — Le pâturage a des avantages et des inconvénients qui ne peuvent être appréciés d'une manière absolue, parce que ce qui est avantageux dans une circonstance donnée peut être antiéconomique dans une autre.

Il économise des frais de construction pour les logements, des frais de culture, les frais de main-d'œuvre nécessités pour préparer les aliments, et pour donner les soins qu'exigent les animaux entretenus à l'étable. Par ces motifs, quoique les produits bruts soient moindres, il fournit, dans beaucoup de cas, un produit net plus considérable.

Les animaux vivant au grand air sont plus robustes, jouissent d'une santé meilleure, sont moins impressionnables et résistent davantage aux causes de maladies. Ils n'ont presque jamais d'indigestion. Leur viande, plus ferme, mieux entrelardée, est plus estimée des consommateurs. On a observé qu'ils avaient plus de tendance à accumuler la graisse à l'intérieur ; les marches forcées les font moins diminuer de poids.

Par le pâturage, le sol des prairies artificielles s'améliore sans aucun frais du culture.

Mais on lui reproche d'exiger une plus grande étendue de terrain pour l'engraissement de chaque tête de bétail, qu'il n'en faudrait si le fourrage était fauché et distribué à l'étable.

Outre le dégât occasionné par le piétinement, par l'habitude qu'ont les animaux de chercher ce qu'il y a de plus tendre, de plus succulent dans les plantes et de laisser sur place les parties inférieures des tiges, par leurs excréments qui en salissent une portion, etc., les bêtes d'engrais n'utilisent pas aussi complétement la partie de nourriture consommée au pâturage qu'à l'étable. Les considérations que nous avons exposées dans le second chapitre, sur les phénomènes chimiques de la respiration, nous en fournissent l'explication.

Nous avons vu que la chaleur animale était le résultat de la combustion du carbone fourni par les aliments, et qu'un excès de perte de chaleur devait se traduire par un accroissement de la ration. Or les animaux vivants à l'extérieur, exposés à des causes plus puissantes de refroidissement, au milieu d'un air plus ou moins agité par les vents, et soumis à des variations fréquentes de température, doivent faire une plus grande déperdition de calorique, que ceux qui restent constamment au milieu de l'atmosphère chaude et régulière des bouveries. Ils consomment aussi plus de nourriture, ou, si la ration est la même, l'accumulation de la graisse au milieu des tissus doit se faire avec plus de lenteur dans un cas que dans l'autre, en raison de la différence du carbone brûlée, qui en est le principal élément générateur.

Au pâturage, les animaux font de l'exercice, et l'exercice, même modéré, est une cause de perte pour l'organisme. La théorie indique, en effet, que l'exercice active la combustion pulmonaire, la transpiration cutanée, toutes les sécrétions, et l'expérience prouve que de deux animaux dont l'un est libre de prendre ses ébats, et l'autre condamné au repos absolu, le dernier arrive plus vite au dernier degré de l'engraissement. La graisse ainsi formée, il est vrai, est plus molle, moins bien élaborée, elle s'accumule plutôt à l'extérieur qu'à l'intérieur, et les animaux qui sortent de l'étable, diminuent plus rapidement de poids que les autres lorsqu'ils sont obligés de parcourir de grandes distances pour se rendre sur les marchés. Mais l'engraisseur se laisse plutôt dominer par la question économique que par toute autre considération. Ce qu'il lui importe avant tout, c'est d'obtenir dans le temps le plus court les animaux les plus gras, pour en retirer le prix le plus élevé possible.

Enfin, le pâturage a d'autres inconvénients encore : il ne fournit pas une masse d'engrais comme celle que donnent les animaux nourris à l'étable ; il ne procure pas dans tous les temps une nourriture uniforme. Les excréments dès animaux accumulés par petits tas détruisent l'herbe sur le lieu où ils séjournent, si on n'a pas la précaution de les étendre ; et enfin, les bêtes avec leurs pieds détruisent les rigoles des prairies qui sont soumises à l'irrigation.

3. — Stabulation permanente.

Dans les pays de grande culture, la stabulation permanente est préférable au pâturage. A la possibilité d'effectuer plus rapidement l'opération de l'engraissement, elle joint l'avantage d'utiliser la totalité du fourrage récolté; d'augmenter la fertilité du sol par la production des engrais. Mais, pour que la main-d'œuvre qu'elle nécessite se trouve payée, il importe qu'elle se fasse dans de bonnes conditions.

Nous avons déjà étudié les règles qui doivent présider à la construction d'une bouverie destinée à cet usage. Dans le même chapitre nous avons examiné l'action de la température sur les progrès de l'engraissement. •

Ces connaissances vont faciliter notre tâche, pour déterminer quelles sont les circonstances les plus favorables dans le cas particulier de la stabulation permanente.

CIRCONSTANCES FAVORABLES A LA STABULATION PERMANENTE. — Nous avons démontré, en effet, que l'air de l'étable doit être toujours tempéré, parce qu'un air chaud a pour effet de diminuer la perte de chaleur et de prévenir un excès d'activité dans l'acte de respiration. Mais ici une objection se présente naturellement à l'esprit. Si les circonstances qui diminuent l'activité de la respiration favorisent l'engraissement, il semble rationnel de penser qu'un excès d'acide carbonique dans l'air, l'altération de ce fluide par d'autres gaz non délétères, la poitrine étroite, que l'on rencontre chez les bêtes les plus mal conformées, devraient concourir au même but. Ceci demande explication.

Avant d'être assimilés, les produits de la digestion, qui passent dans le torrent de la circulation, viennent se modifier au contact de l'oxygène introduit dans l'organisme par la respiration. Les graisses végétales s'animalisent, pour me servir de cette expression, se transforment en acide stéarique et oléique [1] par un commencement d'oxydation, et les matières ternaires passent à l'état de graisse en perdant une portion d'oxygène. Ces mutations, ces métamorphoses s'effectuent dans un rapport proportionnel à l'activité de la combustion pulmonaire. C'est lorsque cette fonction jouit de toute sa plénitude d'action que les parties alibiles des aliments acquièrent le plus promptement et le plus complétement possible les qualités qu'exige

---

[1] Dumas, Boussingault et Payen, *Comptes rendus des séances de l'Académie des sciences*, t. XVI, p. 548.

une assimilation active. Mais si ce rapport se trouve rompu, si, par exemple, l'énergie de la respiration diminue, il ne pénètre plus dans le poumon qu'une quantité d'air moindre, qu'une proportion d'oxygène plus faible et insuffisante pour animaliser, métamorphoser la totalité des substances alibiles contenues dans les aliments ; par suite de la subordination des lois physiologiques, la digestion se ralentit, l'appétit diminue et les animaux n'exigent plus, ou du moins n'utilisent plus que la quantité d'aliments qui peuvent être élaborés. Par suite, la formation des produits se ralentit dans une proportion correspondante.

Si, au lieu de diminuer, l'activité de la respiration augmente considérablement, il y a une action inverse ; l'appétit s'accroît. Mais il peut arriver que la perte soit plus grande que la réparation ; que l'acide carbonique, la vapeur d'eau, la chaleur produite exigent la destruction d'une somme de substances égale ou plus forte que celle fournie par les aliments.

Dans le premier cas, il y aura absence de produits ; dans le deuxième cas, l'amaigrissement en sera la conséquence. Il doit donc y avoir entre la digestion et la respiration un état d'équilibre qu'il ne faut pas rompre. Pour une nourriture pleine, riche en matériaux nutritifs, une poitrine large, un air pur, sont des conditions à rechercher. Mais il importe en même temps d'éviter toutes les déperditions inutiles, et la chaleur dégagée étant une grande cause de perte pour l'économie, il y a tout avantage à la prévenir en plaçant les animaux dans un milieu chaud.

« Si l'influence d'une vacherie non aérée était de même nature que celle d'une poitrine étroite, dit M. Magne [1], elle devrait varier selon les vaches : elle devrait être plus marquée sur les vaches à poitrine ample que sur celles à poitrine étroite : celles-ci ayant la respiration naturellement peu étendue, devraient avoir moins besoin qu'elle fût diminuée et donner relativement aux autres plus de lait à l'air libre. Et cependant l'observation démontre qu'une étable chaude et humide est aussi favorable à la secrétion du lait et à la production de la graisse dans les unes que dans les autres.

En supposant que sous l'influence des vapeurs chaudes il y ait ralentissement des phénomènes respiratoires, il ne faudrait pas confondre cette diminution avec celle qui serait la conséquence de l'étroitesse de la poitrine. La première, qui n'agit qu'en diminuant la déperdition du calorique, si elle n'est pas trop forte, ralentit

---

[1] *Études des races bovines françaises,* 2ᵉ édition, p. 244.

artificiellement la vie, procure du bien-être et, loin d'épuiser l'économie animale, la laisse riche en principes nutritifs ; tandis que la seconde laisse les animaux exposés aux causes de refroidissement et détermine l'épuisement de l'économie animale en la laissant manquer de principes réparateurs. Chacun comprend la différence qui résulte de ces deux états.

« La respiration n'a pas pour but de faire perdre directement le produit de la digestion, de faire ce que ferait une diminution de la nourriture, elle entretient la vie, produit le calorique nécessaire à la fluidité des humeurs et reproduit, par conséquent, celui qui se perd tout en préparant le sang, en le rendant apte à nourrir, à faire le lait, la graisse, les muscles ; par conséquent, plus la digestion et la respiration sont actives, plus il reste de principes nutritifs, disponibles, quand la vie est entretenue et que le calorique nécessaire à la santé est dégagé. »

Il faut donc que l'air ne soit ni trop froid, pour éviter les pertes inutiles, ni trop chaud, pour prévenir une trop forte altération. Pour le maintenir au degré convenable, il peut être utile, en hiver, de fermer entièrement les fenêtres et de ne laisser qu'un faible courant au moyen des barbacanes et des cheminées d'appel ; tandis qu'en été il peut y avoir avantage à ouvrir largement les ouvertures, pendant les fortes chaleurs du milieu du jour ; il est même, à cette époque quelquefois difficile d'abaisser la chaleur naturelle de l'étable, et l'on n'y arrive qu'à l'aide d'une ventilation artificielle. Aussi la saison chaude est-elle réputée comme moins favorable à l'engraissement à l'étable que l'automne et l'hiver. En été, on préfère assez généralement le pâturage ou le régime mixte.

Lorsque, pour obtenir une température élevée dans l'étable, on est obligé de tenir les ouvertures fermées, l'atmosphère se charge d'une certaine quantité de vapeur d'eau qui provient de la perspiration pulmonaire et de l'exhalation cutanée. Cet état de l'air favorise l'engraissement, en s'opposant à l'évaporation des liquides à travers les pores de la peau, et a pour résultat l'économie de la quantité de chaleur qui eût été absorbée par le passage de l'eau de l'état liquide à l'état gazeux.

INFLUENCE DU REPOS SUR LA PRODUCTION DE LA GRAISSE. — Aux avantages d'une température douce et toujours uniforme, la stabulation permanente joint ceux qui résultent du repos de tous les organes.

Le repos des organes de la locomotion et des sens a pour effet de rendre le pouls calme, la respiration lente et aisée, de favoriser l'assimilation, de ralentir les déperditions du corps, d'affaiblir les impressions du cerveau, de rendre les animaux mous et paresseux, de leur procurer, enfin, l'un des deux plus grands biens de l'être non pensant, chez lequel le sexe n'existe plus, l'inaction et l'abondance de nourriture.

A cette fin, une fois l'opération de l'engraissement commencée, on laisse les bêtes dans la bouverie; on leur distribue sur place la nourriture et les boissons qui leur sont nécessaires. On éloigne d'elles tout ce qui peut exciter les organes des sens. On évite de faire du bruit, de circuler trop souvent dans l'étable, en dehors des exigences du service. On abaisse les paillassons des fenêtres, de manière à ne laisser pénétrer qu'une clarté douteuse. La tranquillité et le bien-être qu'on leur procure par ces précautions, produisent une déviation des forces de l'économie et leur permettent d'utiliser tous les matériaux nutritifs au profit de la sécrétion de la graisse.

Quelques agriculteurs, au lieu de condamner les animaux au repos absolu et de les placer dans une espèce d'étuve d'où ils ne sortent jamais, leur font faire un peu d'exercice. Ils les sortent une ou deux fois par jour, pour les mener à l'abreuvoir, ou bien leur accordent une heure de liberté dans des cours. Ils pensent qu'un peu de mouvement est utile pour augmenter l'appétit des animaux et faciliter la digestion. En Angleterre, on engraisse des bœufs dans des cours attenantes aux bouveries, où ils peuvent rentrer quand il leur plaît. Mais à ce système on tend à substituer aujourd'hui celui de M. Warnes, dont nous avons déjà donné la description. On a compris que le régime de la stabulation, impliquant le repos absolu, la tranquillité parfaite, mène plus droit au but que l'état de liberté dans les enclos.

Du choix et de la distribution des fourrages dans le régime de la stabulation. — Dans l'engraissement à l'étable, les animaux sont obligés d'accepter les aliments qui leur sont distribués. Il faut que l'homme supplée à leur instinct par son intelligence, en choisissant les substances qui leur conviennent le mieux et en les leur donnant sous la forme la plus propice.

Le plus souvent les fourrages forment la base de la ration. Ils sont donnés verts ou fanés. Les bœufs, dit Thaër, peuvent devenir très-gras lorsqu'ils sont nourris au trèfle vert, pourvu qu'on leur en donne abondamment. Les légumineuses, les vesces, l'avoine, le seigle, etc., forment une excellente nourriture d'été. Le trèfle, la luzerne, et généralement toutes les plantes vertes, ne peuvent être données qu'avec certaines précautions. Il faut éviter de les couper lorsqu'elles sont mouillées par la pluie, ne jamais les conserver en tas, et si, par suite de mauvais temps, on était obligé de faire une provision pour plusieurs jours, il faudrait étendre les herbes dans le grenier. Mises en tas, elles s'échaufferaient, fermenteraient rapidement et produiraient des indigestions venteuses.

L'hiver, on distribue les fourrages fanés ; mais, seuls, ils ne peuvent pousser très-loin l'engraissement. On est obligé de leur associer d'autres aliments moins volumineux, surtout des farines, des graines, etc. On ne devra pas cependant passer à l'excès opposé. Une ration trop concentrée aurait pour effet, nous en avons déjà donné les motifs, de diminuer la quantité et la qualité des produits.

M. Weckherlin expose cette méthode de la manière suivante. Le fourrage haché, composé du meilleur foin, surtout de regain et d'un peu de paille, est tenu prêt. Le bétail en reçoit, le matin, beaucoup de petites portions consécutives, de sorte qu'il peut les ingérer vite, sans beaucoup les flairer ou les enduire de bave.

L'engraisseur intelligent s'aperçoit bientôt en combien de temps le bétail peut manger ce fourrage jusqu'à ce qu'il ait soif; alors on lui donne à boire de l'eau fraîche. Après avoir bu, le bétail reçoit des graines et de la farine d'orge, de vesces, d'avoine, de maïs, d'épeautre, de seigle, etc., également en petite portion et autant qu'il peut en manger avec appétit. Après cela il se repose. A midi et le soir, il est nourri de la même manière ; au dernier repas on lui donne du sel en quantité suffisante. »

Quelquefois, et selon les circonstances économiques, on remplace la moitié ou les trois quarts du foin par une ration équivalente de racines ou de tubercules. On les donne cuits ou crus, en soupes, mélangées aux fourrages, coupés en tranches, saupoudrées de son ou associées à des balles de graminées, de la paille hachée. La quantité dépend de l'appétence des animaux pour cette nourriture et de l'effet qu'elle produit sur les voies digestives. S'ils en laissent, on doit diminuer la ration, il en est de même quand la diarrhée survient. Lorsque les bœufs reçoivent des racines pour la première fois, il est possible qu'ils les refusent tout d'abord; ou, s'ils les mangent, leurs facultés digestives peuvent en être dérangées. Il est donc prudent de les y habituer peu à peu. C'est, du reste, l'affaire d'un temps très-court ; ils arrivent bientôt, selon le poids des bœufs, à consommer 20, 30 40 kil. de pommes de terre et des autres racines en proportion de leur valeur nutritive.

L'expérience a démontré que la pomme de terre cuite avec l'addition d'une certaine quantité de paille pouvait remplacer la ration totale de foin.

Du reste, les tubercules et les racines peuvent s'administrer encore sous forme de pulpe ou de résidus, après avoir servi à la distillation. On les fait couler dans l'auge en sortant de l'alambic. D'autrefois on les verse chauds sur du foin, sur de la paille hachée. Les résidus des distillations d'alcool ont une action spéciale sur l'économie. Par leurs propriétés enivrantes, ils favorisent l'engraissement. Nous reviendrons plus loin sur ce sujet, en traitant des condiments.

Le prix élevé des grains s'oppose à ce qu'ils puissent former la base de l'engraissement. Ils sont cependant nécessaires comme ration complémentaire. Lorsqu'ils entrent en assez forte quantité dans la composition de la ration totale, l'opération est plus particulièrement désignée sous le nom d'engraissement *de pouture*.

Les tourteaux, en raison de la proportion de corps gras qu'ils contiennent, forment aussi un supplément de ration très-précieux. Les plus estimés sous ce rapport sont ceux de lin, d'œillette, de colza qui contiennent de 0,080 à 0,150 de corps gras. Les matières grasses jouent un rôle si important dans l'engraissement, qu'on a jugé en Angleterre plus avantageux de remplacer les tourteaux par la graine ou la farine de lin, malgré son prix élevé. Cette préférence est justifiée par la composition de la graine de lin, qui contient 0,550 de matière grasse.

La manière dont les substances alimentaires sont distribuées, leur mode d'association, etc, forment, à proprement parler, la méthode d'engraissement. Elle varie dans chaque pays, dans chaque canton, et pour ainsi dire dans chaque ferme. Les formules se compliquent avec les lauréats de concours et dans les pays de riche culture. Elles se simplifient dans les contrées pauvres, à culture de jachère. Mais, quelle que soit leur diversité, les meilleures, si peu semblables souvent, à beaucoup d'égards, qu'elles puissent être entre elles, sont toujours celles qui, au fond, sont les plus économiques, à tout considérer.

MÉTHODES DIVERSES D'ENGRAISSEMENT A L'ÉTABLE. — Dans la Vendée, le Limousin, au dire de M. Magne, on engraisse de la manière suivante : « Le matin, après avoir nettoyé les crèches et les râteliers, on donne deux ou trois petites brassées de bon foin et l'on conduit les animaux à l'abreuvoir. Pendant qu'ils sont dehors, on prépare leur litière; on leur distribue des choux ou des raves coupées; dans le Poitou, des choux principalement. On en fait deux ou trois distributions, selon que les animaux paraissent avoir plus ou moins d'appétit. On les laisse ensuite se reposer jusqu'à midi. On fait alors une autre distribution de nourriture verte et on laisse les animaux tranquilles. A trois heures, on recommence un repas régulièrement distribué comme celui du matin. Le soir, vers les 9 heures, quand les nuits sont longues, on donne un réveillon en feuilles de choux ou en rave[1].

A Hohenhein, dans le Wurtemberg, on a adopté le procédé que voici. On fait infuser le fourrage haché dans une quantité de résidus chauds suffisante pour deux repas. Le soir, on administre la ration fixée de fourrage ainsi trempé ; on donne le liquide à boire et on verse sur le fourrage restant une nouvelle quantité de résidus chauds, de manière à ce que le résidu dépasse le fourrage.

Le matin a lieu la distribution du fourrage et de résidu comme la veille au soir.

A midi, les bêtes reçoivent par tête 8 à 10 livres de foin sec. Pour boire on leur donne du résidu refroidi avec de l'eau.

Dans le dernier repas du soir on ajoute de la farine.

M. de Dombasle composait ainsi la ration de ses bœufs : foin, 5 livres; résidu de distillerie, 50 litres par repas; tourteaux de navets ou de colza, 4 à 5 litres.

M. Grognier, dans son cours de multiplication des animaux domestiques, rapporte que les engraisseurs de la Bresse distribuent journellement à leurs bœufs d'engrais 30 à 40 livres de fourrage sec, 20 livres de pommes de terre cuites, et 20 livres de farine mélangée avec du son. Par cette méthode l'engraissement est très-rapide; il dure à peine trois mois. Cette circonstance le rend très-avantageux malgré la forte proportion de farine, d'un prix toujours élevé, qui entre dans la composition de la ration.

Dans la Normandie, chez M. Cloré, on engraisse les vaches avec la ration suivante :

1re période.	Racines.	30 kil.
—	Trèfle.	10
—	Mouture de bisaille ou tourteaux.	1 1/2.
2e période.	Légumes	15 kil.
—	Fourrages 1re qualité	5
—	Tourteaux	2
—	Moutures	4

Dans ces derniers temps on a opéré une réforme importante dans

[1] Magne, *Étude des races françaises*, p. 290.

l'art de l'engraissement, en remplaçant les tourteaux par la graine de lin.

Dans le Yorkshire, dit M. Qharkness[1], M. Marsalt prépare ainsi la ration journalière par tête de gros bétail:

« Un kilogramme de graine de lin concassée, bouillie dans 15 lit. d'eau, et 2 k. 1/2 d'orge, d'avoine ou de féveroles concassées finement, et mélangées à 5 kilog. de paille et de foin hachés. La paille ou le foin hachés sont déposés sur un plancher propre, et on y mélange intimement les 2 kil. 1/2 d'orge, d'avoine ou de féverole concassés; alors on verse avec précaution la graine de lin bouillie et on agite tout le mélange à la fourche jusqu'à ce que les matériaux solides soient complétement saturés de mucilage de graine de lin. On enlève alors, à la pelle, le mélange encore chaud ; on le met en tas ; on le bat fortement avec la pelle et on l'abandonne ainsi en masse pour qu'il macère pendant un temps considérable avant qu'il soit suffisamment refroidi pour être employé. Deux heures après le mélange il sera toutefois assez froid pour être administré au bétail, auquel il profite davantage lorsqu'il est encore chaud que lorsqu'il est complétement refroidi.

« La quantité et les proportions indiquées des ingrédients sont distribuées chaque jour, à chaque tête de gros bétail, par les engraisseurs du Yorkshire; mais la ration est divisée en deux parties égales de manière que chaque animal reçoit par chaque fois, 1/2 kil. de graine de lin, 1 kil. 1/4 de farine d'orge, d'avoine, féverole ou maïs et 2 kilog. 1/3 de paille ou foin hachés.

« L'alimentation générale du bétail se règle en donnant alternativement des navets crus et des aliments cuits composés. A six heures du matin, le bouvier donne à chaque animal 15 à 18 kilogr. de navets coupés en tranches; à dix heures, une ration d'aliments cuits mélangés, préparés dans les proportions ci-dessous ; à une heure après midi, le même poids de navets crus que le matin, et à cinq heures du soir, la seconde ration d'aliments cuits; enfin, lorsqu'il abandonne les animaux la nuit, il jette, dans le râtelier, devant chacun d'eux, un peu de paille ou de foin entiers. »

D'après un compte détaillé, il paraîtrait que les frais pour ce système d'alimentation, ne s'élèveraient en Angleterre, que de 7 francs 20 centimes à 8 francs 40 centimes par semaine et par tête de gros bétail.

---

[1] Opuscule de M. Qhakness, traduit par M. Malperre, inséré dans l'*Agriculteur praticien*. 1849.

Dans le Norfolk, l'adoption de l'engraissement en stalles ou boxes,
de M. Warnes, avec graine de lin cuite, et farine d'orge ou de
fèves, a été couronnée d'un plein succès. Cette méthode supplantera
certainement l'ancienne alimentation au tourteau.

Dans le sud-est de la France, on fait fouler par les animaux un
fourrage composé de luzerne, de trèfle, de sainfoin. Les tiges se
brisent, les feuilles se détachent, on mélange ces débris avec des
balles de graminées et l'on conserve pour l'usage. On donne de 10 à
15 kilogr. de ce fourrage par jour et par tête, après l'avoir dé-
trempé avec du tourteau délayé.

Quelquefois on place de ce fourrage dans une cuve avec du tourteau, des racines, etc., on laisse le tout pendant quarante-huit heures
jusqu'à ce qu'il y ait un commencement de fermentation. Quelques
agriculteurs ajoutent à cette nourriture, pendant la saison d'automne
et comme ration supplémentaire, une certaine quantité de marc de
raisin.

ACCROISSEMENT DU BŒUF DANS LES DIVERSES PÉRIODES DE L'ENGRAIS-
SEMENT. — Lorsque les animaux ont été élevés exclusivement en vue
de l'engraissement; lorsqu'ils ont été abondamment nourris dès le
jeune âge; lorsque d'ailleurs ils appartiennent à des races particulièrement aptes à l'engraissement, la ration peut ne pas être très-
considérable, relativement aux résultats obtenus.

M Lefèvre de Sainte-Marie cite le fait suivant. Un bœuf durham
pesant 595 kilogr. reçut par jour du 1er août au 14 novembre ·

Vert, trèfle, vesce.	23 kilogr.
Son.	1 lit. 66
Farine d'orge.	2 » 87
Foin.	2 kilogr.

Du 14 novembre au 31 décembre, la ration fut modifiée de la
manière suivante :

Foin.	15 kilogr.
Racines	20 litres.
Son.	5 litres.
Farine.	5 »

Du 1er janvier au 1er mars, elle fut composée de :

Foin.	15 kilogr.
Racines.	40 litres.
Tourteaux.	5 kilogr.
Farine d'orge.	20 litres.

Il augmenta, pendant la première période, de 1 kilogr. 368 gr. par jour; pendant la dernière, de 1 kilogr. 192 grammes. Pendant la durée totale de l'engraissement son poids initial de 595 kilogr., s'était élevé à 870 kilogr.

M. Magne a calculé que la ration pouvait être représentée par 4 kil. 5 de foin, du 14 novembre au 31 décembre, et de 6 kilogr. 5 du 1ᵉʳ janvier au 1ᵉʳ mars, pour chaque 100 kilogr. de poids vivant.

Nous n'en finirions pas si nous voulions citer toutes les formules de ration mises en usage. Elles peuvent toutes avoir leur raison d'être suivant les circonstances. C'est à l'agriculteur à choisir avec intelligence, en tenant compte surtout de la richesse en azote et en matières grasses des substances alimentaires dont il dispose, comparativement à leur prix de revient.

A ce point de vue, la graine de lin et la mélasse, lorsque le prix n'en est pas trop élevé, nous paraissent des auxiliaires puissants; l'une à cause de la proportion de corps gras, qu'elle renferme; l'autre parce qu'elle est presqu'entièrement formée de sucre qui, nous l'avons dit, est un corps ternaire pouvant se transformer facilement en graisse.

Une observation qui trouve sa trace ici est celle qui concerne la température des aliments.

Lorsqu'on doit distribuer des substances cuites, des soupes, des résidus de distillerie, des mélanges, il est plus utile de les administrer chauds que froids. La raison en est que les aliments froids pour se mettre à l'unisson de la température du corps, absorbent une certaine quantité de calorique. C'est une perte pour l'économie qui, si petite qu'elle soit, peut être facilement évitée.

4. — Régime mixte.

Nous nous sommes entretenus du pâturage et de la stabulation permanente. Ces deux régimes, combinés ensemble constituent le régime mixte.

Il arrive souvent que l'on commence sur les regains d'automne un engraissement, qui se termine pendant l'hiver dans l'étable; ou bien l'on commence l'opération dans la bouverie, à la fin de l'hiver et on la termine dans les herbages précoces du printemps, pour avoir de la viande à fin juin, époque à laquelle les bœufs d'hiver sont épuisés, et ceux d'été ne sont pas encore prêts.

Ou bien on alterne : pendant le jour on met les animaux au pâturage; pendant la nuit on les enferme dans l'étable et on leur distribue une ration supplémentaire le matin et le soir. Pendant l'été on les fait sortir deux fois par jour, au fort de la chaleur on les laisse reposer dans la bouverie. Le tout on le conçoit, est réglé d'après les rapports des convenances économiques. Cette manière de procéder est mise en usage, avec les variantes que nous venons d'indiquer, dans le Limousin, le Rouergue, le Quercy, le Jura. On peut rapporter au régime mixte la méthode anglaise, qui consiste à engraisser les bœufs dans les enclos attenant aux bouveries,

Il est une précaution essentielle à prendre lorsqu'on fait passer les bêtes de l'étable au pâturage, ou du pâturage à l'étable et que l'on change de régime. Comme l'économie se trouve toujours mal des transitions brusques, il faut l'habituer peu à peu à ce changement en mélangeant la nourriture sèche avec la nourriture verte.

Quelle que soit la méthode employée, s'il s'agit de bêtes très-maigres, il n'est pas de l'intérêt des nourrisseurs de leur donner tout de suite une nourriture très-alibile et partant très-coûteuse, parce que la première période de l'engraissement est celle où les bêtes acquièrent proportionnellement moins en pesanteur, et font l'emploi le moins avantageux du fourrage. Il faut, à cette époque et jusqu'à ce qu'elles soient en chairs, leur donner les fourrages les plus grossiers, sans nourrir cependant avec parcimonie. Cette précaution est nécessaire, en outre, pour prévenir la pléthore. Si on les faisait passer trop brusquement d'une nourriture pauvre à une nourriture riche, ils seraient exposés à des coups de sang, à des maladies inflammatoires.

Avant de commencer l'opération proprement dite de l'engraissement, il faut faire disparaître peu à peu cet état de maigreur, en améliorant progressivement le régime, jusqu'à ce que les animaux soient en chair ; on dit alors qu'ils sont refaits.

En même temps cette pratique aboutit à un autre résultat. Chez les bêtes maigres les chairs sont comme desséchées, le tissu cellulaire est affaissé et a acquis une certaine rigidité. Il faut quelque temps pour qu'il perde cette rigidité, pour que les chairs se ramollissent, pour que toutes les parties se *détrempent*, comme dit Favre. C'est un motif de plus pour préparer les animaux, pour attendre qu'ils soient en chair, avant de les pousser en nourriture. Le vert se trouve particulièrement indiqué pendant cette période de préparation.

CHAPITRE V

CONDIMENTS. — BOISSONS
SOINS HYGIÉNIQUES

1. — Des condiments ajoutés à la nourriture.

Effets des condiments. — L'utilité des condiments est incontestable, mais il faut savoir les employer avec discernement. Ils n'ont pas pour effet d'accroître la valeur nutritive des fourrages, mais de les rendre plus sapides, d'exciter les animaux à manger davantage, d'accroître la sécrétion de la salive et du suc gastrique, etc., de rendre la digestion plus prompte, de corriger les défauts des fourrages avariés, moisis, poudreux, mal récoltés, humides, en masquant le mauvais goût qu'ils pourraient avoir et en augmentant leur digestibilité; enfin ils peuvent agir comme aliments en fournissant au corps des matériaux qui entrent dans sa composition.

Ils ne sont pas également nécessaires dans toutes les circonstances et pendant toute la durée de l'engraissement. Pendant la première période, lorsque les animaux sont encore soumis à un léger travail ; lorsqu'ils prennent une partie de leur nourriture dehors, en liberté; lorsqu'il s'agit de bœufs maigres qu'il faut refaire et auxquels, par conséquent, on ne donne pas tout d'abord une ration qu'ils ne puissent digérer facilement, les condiments sont au moins inutiles; excepté qu'ils soient destinés, comme cela arrive souvent. pour le sel, à fournir un des matériaux qui manquent dans les aliments. Du reste, lorsque les fourrages sont de bonne qualité, ils contiennent naturellement des plantes toniques, excitantes, qui agissent à la manière des condiments ; en ajoutant de ceux-ci artificiellement, on s'exposerait à déterminer une excitation factice, sans but, qui aurait pour effet de provoquer des pertes, et de faire maigrir les animaux.

Ils deviennent opportuns lorsque les pâturages sont bas, marécageux; lorsque les fourrages dont on dispose sont insipides, grossiers, avariés. Il en est de même lorsqu'on donne aux bœufs une nourriture fade, aqueuse, comme des racines, des tubercules, etc.; quelquefois des résidus, du malt, dont la partie saline a été dissoute en partie.

Ils sont encore utiles lorsque l'engraissement est en pleine voie et qu'il faut pousser en nourriture, parce qu'alors les condiments,

en donnant du goût aux aliments, les rendent plus appétissants et
font que les animaux en consomment davantage.

Principaux condiments. — Les substances qui sont employées
comme condiments pour les bêtes d'engrais sont : le sel marin, le
sulfate de soude, la farine, la gentiane, les baies de genièvre, les
mastigadours, le soufre.

Les uns, comme le sel, le sulfate de soude, ont une action qui se
borne à l'intestin lorsque la dose n'en est pas trop élevée. Les
autres, l'alcool, la gentiane, les baies de genièvre, à part l'action
tonique qu'ils produisent sur l'intestin, déterminent une surexcitation générale, ou bien sont échauffants, et par cela même nuisibles
aux dernières périodes de l'engraissement, lorsqu'on ne sait pas les
donner avec ménagement.

Sel. — Le sel marin est de tous les condiments celui dont l'usage
est le plus répandu et le plus ancien[1], et qui peut être donné avec le
moins d'inconvénient à toutes les périodes de l'engraissement. L'utilité de son usage a été contestée dernièrement, malgré le témoi-
gnage de tous les monuments historiques et la commune opinion.
M. Barral, par de consciencieuses recherches, a démontré la nécessité de cette substance comme condiment[2].

Le chlore et la soude, en effet, entrent dans la composition des
organes et des liquides de l'organisme. Le sang en contient de 4 à
5 et demi pour cent; le lait en fournit 1 grammes par litre. On le rencontre dans la plupart des excrétions et des sécrétions. Le liquide impré-
gnant les chairs contient du chlorure de potassium, la bile des animaux une proportion notable de soude; enfin le suc gastrique, de
l'acide chlorhydrique.

Le chlore qui sert à former ces différents corps ne peut avoir son
origine que dans le sel marin. Il faut donc que les aliments en contiennent une certaine proportion; sans cela l'harmonie générale des
fonctions finirait à la longue par être troublée d'une manière plus
ou moins profonde.

Mais l'expérience démontre que la proportion de sel contenue
dans les aliments peut varier beaucoup. Quand il y a insuffisance,

---

[1]   At cui lactis amor, cytisum lotosque frequentes
Ipse manu falsasque ferat præsepibus herbas.
Hinc et amant fluvios magis, ac magis ubera tendunt
Et salis occultum referent in lacte saporem.

(*Géorgiques*, liv. III, vers 394 et suiv.)

[2] *Journal d'Agriculture pratique*, août 1849.

comme, par exemple, lorsqu'on donne beaucoup de matières amyla-
cées, l'homme y supplée en ajoutant artificiellement du sel aux substances alimentaires, et s'il ne prend pas ce soin, les animaux eux-
même cherchent à lécher les murs où se trouve du salpêtre. L'usage
du sel répond donc à un besoin. Il est indispensable comme aliment.

En excitant en outre une salivation plus abondante, il contribue
à placer les aliments ingérés dans de meilleures conditions de digestibilité. Il engage les animaux à manger davantage ; il développe la
soif, et leur fait prendre une plus grande quantité de boisson. Ajoutons avec M. Chevreul que, pendant la cuisson des racines et des
tubercules, le sel a la faculté de développer l'odeur et la saveur agréa-
bles qui excitent l'appétit des animaux.

MM. Mathieu de Dombasle, Lequin, Turc, Boussingault, etc., ont fait
des expériences pour savoir si les aliments additionnés d'une certaine quantité de sel, produisaient plus de viande. Des résultats con-
tradictoires ont été obtenus, qui n'ont pu fournir aucune donnée
probante. Mais tous les expérimentateurs sont tombés d'accord sur ce
point, que, par l'usage du sel, la viande gagne en qualité. La haute
réputation des moutons des prés salés en est la démonstration la plus
évidente. Ils reconnaissent aussi que l'usage du sel est particulièrement avantageux pour les bêtes d'engrais, parce qu'en relevant le
goût des aliments il les excite à manger davantage et concourt ainsi
à abréger la durée de l'engraissement.

ABUS DU SEL. — Il faut cependant éviter d'en faire abus. M. Liebig
affirme que l'on ne réussirait pas à engraisser les animaux si l'on
ajoutait à leurs aliments une quantité de sel trop élevée.

Il explique ce fait en rappelant que le sel marin fournit alors à
l'économie, des sels de soude en proportion suffisante pour émul-
sionner, et maintenir dans le torrent de la circulation la plus grande
partie de la graisse destinée à être déposée dans les tissus spéciaux.

DOSE DE SEL A DONNER PAR JOUR. — Mais la dose de sel à administrer ne peut être fixée d'une manière générale. Dans certains
pays, les fourrages peuvent en contenir en proportion suffisante,
et alors, quels que soient les efforts que l'on fasse pour étendre
l'usage du sel, on n'y arrive pas. Dans d'autres, au contraire,
les plantes n'en contiennent pas assez, et la ration additionnelle
de sel en nature ne doit être que le complément de celle qui se
trouve déjà dans les aliments. Elle doit donc varier selon les différences que l'on rencontre, même dans les fourrages analogues,
suivant les pays, suivant la nature du sol et les influences atmosphé-
riques, mais surtout selon les différences qui se rencontrent parmi

les aliments qui ne sont pas de même nature. Ainsi, en adoptant les chiffres de M. Boussingault, un bœuf mangeant 30 kilos de foin de prairie naturelle recevrait de 50 à 80 grammes de sel, tandis qu'il n'en trouverait que 7 grammes dans 50 kilos de pommes de terre, et beaucoup moins encore dans une ration d'avoine. Enfin, les eaux que boivent les animaux peuvent en contenir des proportions variables dont il faut encore tenir compte.

M. Barral estime que la dose de sel nécessaire à un bœuf du poids de 413 kil., est comprise entre le minimum de 74 grammes et le maximum de 157 grammes. Mais, selon cet auteur, la ration d'un bœuf de ce poids contient dans les cas les plus ordinaires 40 grammes de sel. La dose de sel à administrer doit être dès lors ramenée à 34 grammes pour le minimum, et 117 grammes pour le maximum.

Curven fixe la dose de sel pour les bêtes d'engrais à 90 grammes.

Favre estime que 60 grammes, donnés de deux jours l'un, forment une dose suffisante.

Une instruction publiée par l'administration donne de 80 à 150 grammes suivant le poids des animaux et la période de l'engraissement.

D'après Sinclair, en Angleterre, on en donnerait jusqu'à 170 grammes.

Ce ne sont là que des données générales. La prudence conseille de ne déterminer la dose de sel dans chaque cas particulier qu'en tenant compte à la fois du poids des animaux et de la quantité naturelle de sel que peut renfermer la ration alimentaire employée. La meilleure règle à suivre en pareille circonstance est de mettre à la portée des bœufs des blocs de sel gemme ou des sacs remplis de sel ordinaire, qu'ils puissent lécher à volonté. Guidés par leur instinct, ils y toucheront peu si les aliments contiennent beaucoup de cette substance; si au contraire le sel s'y trouve en petite quantité, ils n'en prendront qu'en proportion de leurs besoins.

Cependant il peut être utile de mêler le sel aux aliments pour augmenter leur sapidité, pour corriger certains défauts. C'est ainsi qu'on sale les fourrages au moment de la récolte, en les sapoudrant de sel, dans la proportion de 2 à 5 kilos pour 1,000 kilos, suivant leur degré de siccité, ou bien qu'on les asperge d'eau salée quelques moments avant de les distribuer.

Enfin le sel peut être incorporé soit dans la pouture, soit dans les soupes, les résidus ou les mélanges, que l'on fait tremper ou fermenter. Mais le sel est échauffant de sa nature. Pour les animaux qui viennent de passer d'un régime de misère à une alimentation riche, qui sont en train de se refaire, qui font du sang, prédisposés à la pléthore, aux congestions, lorsque d'ailleurs les crottins sont secs et marronnés, on remplace avantageusement le sel par le sulfate de soude, qui, tout en fournissant à l'économie la soude dont elle a besoin, se trouve mieux appropriée au cas dont il s'agit, par son action rafraîchissante et légèrement purgative.

La dose peut sans inconvénient être un peu plus élevée que celle du sel.

Liqueurs alcooliques. — Elles sont employées comme condiment. De nombreuses expériences faites en Allemagne, au rapport de Pasbt, ont démontré leur utilité.

On peut se rendre compte de leur action au point de vue de la production de la graisse par leurs effets physiologiques. Des doses modérées d'alcool, lorsqu'elles ne sont pas suffisamment rapprochées pour qu'il y ait accumulation d'effet, produisent d'abord une excitation particulière de la muqueuse intestinale, qui fonctionne mieux. Il est de notion vulgaire qu'un petit verre de rhum, de cognac, etc. pris après le repas, active la digestion chez l'homme.

Mais bientôt les molécules d'alcool passent dans le torrent de la circulation, se mêlent au sang et déterminent une excitation générale modérée, qui, par suite de la loi de réaction, est suivie d'un état d'assoupissement favorable à la secrétion adipeuse. Ajoutons à cela qu'une certaine quantité des molécules alcooliques vient se brûler dans le poumon, au contact de l'air, et doit économiser d'autant les autres matières carbonées.

Nous pensons que l'usage de l'alcool est d'une pratique bien entendue, pendant l'hiver, lorsqu'on peut se le procurer à bas prix. On donne après chaque repas de 1 à 5 décilitres d'eau-de-vie, selon les cas, additionnée d'une quantité égale d'eau.

Il est inutile d'ajouter qu'on ne fait pas usage de ce condiment lorsqu'une partie des aliments consiste en des matières fermentées, qui contiennent déjà une certaine quantité d'alcool.

Farine. — La farine est employée à titre de condiment, lorsqu'elle est mêlée en petite quantité à d'autres aliments pour exiter les animaux à les manger. On en saupoudre les foins préalablement mouillés, les betteraves, les raves, etc., lorsque les animaux n'y sont pas encore habitués. Cette action s'appelle *donner à lécher*. Quelquefois on fait une pâte dans laquelle on ajoute du sel, et que l'on donne aux animaux par boulettes de la grosseur du poing, lorsqu'elle a atteint la fermentation acide. Cela se nomme *paître* ou *empâter*.

6.

GENTIANE. — Elle a, comme tous les amers, la propriété d'augmenter l'appétit par son action tonique sur la muqueuse intestinale. Elle est plus particulièrement indiquée dans les cas où l'on peut supposer un commencement d'atonie des intestins, état qui coïncide le plus souvent avec les dernières périodes de l'engraissement. L'animal est alors dégoûté; mais il ne faut pas confondre le dégoût provenant de cette cause avec celui qui résulte d'une indigestion. Dans le premier cas, la bête cesse de manger peu à peu; elle prend peu de nourriture et la choisit. La rumination d'ailleurs, n'est pas suspendue. Il a l'air vif, le poil brillant. Dans le second, au contraire, l'animal cesse de manger subitement, il a l'air triste, la bouche chaude, il est réellement malade, et il faut le guérir par un traitement médical.

On donne la gentiane en poudre, une ou deux fois par jour, à la dose d'une poignée, quelquefois on la mélange avec du sel.

SUBSTANCES DIVERSES. — Les *baies de genièvre* sont cordiales, stomachiques; mais elles ont des propriétés échauffantes qui conviennent peu à l'engraissement.

Les *glands*, les *marrons d'Inde*, par leur action tonique et astringente, servent à corriger les propriétés relâchantes des racines et des tubercules. On les écrase, on les moud, et on saupoudre les fourrages avec la farine ainsi obtenue.

Quelquefois on fait une espèce de sauce avec du vinaigre, de l'ail pilé, du poivre, du sel, etc., on s'en sert pour laver l'intérieur de la bouche. On détermine ainsi une irritation factice qui fait manger.

Enfin le *soufre* et le *sulfure d'antimoine* paraissent favoriser l'engraissement par une action spéciale sur le tissu cellulaire.

Donnés à petites doses, ils purgent légèrement, rendent la respiration plus libre, augmentent l'appétit. Mais ils ne peuvent être donnés que par intervalle. Leur usage continu, surtout à dose un peu forte, aurait pour effet de boursoufler les chairs, et de faire paraître les animaux plus gras qu'ils ne le sont réellement, d'augmenter la sécrétion du tissu cellulaire, de produire des œdèmes, de rendre les tissus mous et sans élasticité. Les bouchers ne se trompent pas généralement sur ces fausses apparences d'embonpoint.

La viande des bœufs qui ont reçu du soufre en excès diminue beaucoup par la cuisson.

L'emploi du soufre et du sulfure d'antimoine exige donc des précautions, et son administration ne peut être confiée qu'à des mains exercées.

2. — Des boissons.

QUALITÉS DES EAUX POTABLES. — Pour être employée comme boisson, l'eau doit présenter certaines qualités, qui dépendent de ses propriétés physiques et des substances qu'elle contient. Elle doit être claire, limpide, douce, contenir de l'air atmosphérique, de l'oxygène, de l'acide carbonique, des sels minéraux, notamment du carbonate de chaux et du chlorure de sodium.

En général, on considère comme bonnes les eaux dans lesquelles le savon se dissout, mousse par l'agitation de l'air et ne forme pas de grumeaux; celles qui sont légèrement blanchies par les alcalis, par les sels solubles de plomb et de baryte, par le nitrate d'argent et l'oxalate d'ammoniaque, et dont la transparence n'est pas troublée par le chlore, l'acide sulfhydrique et l'infusion de noix de galle.

L'eau de la pluie manque de matières salines et produit des effets analogues à ceux de l'eau distillée. L'eau des puits manque d'air; l'eau de source, celle surtout qui est restée quelque temps au contact de l'air après sa sortie, est la meilleure.

RAPPORT ENTRE L'EAU ET LES ALIMENTS SOLIDES CONSOMMÉS PAR UN BŒUF. — Pabst a cherché à se rendre compte du rapport qui existe entre la quantité d'eau que prend un bœuf d'engrais et les aliments solides. Il l'a exprimée par la proportion de 5 à 1. Mais ici trois cas se présentent : 1° les aliments peuvent contenir de l'eau en quantité moindre que celle qui est nécessaire: les animaux trouvent alors le complément nécessaire de liquide dans la boisson; 2° ils peuvent en contenir en quantité correspondante aux besoins de l'économie. Dans quelques localités où l'on nourrit exclusivement au vert, on se dispense de faire boire les bœufs; 3° enfin la nourriture peut être trop aqueuse, et c'est toujours un inconvénient grave de mettre les animaux dans la nécessité d'absorber plus d'eau qu'il ne leur en faut, pour se procurer la quantité indispensable de substances nutritives. Pour l'éviter, il y en a une donnée simple et certaine, formulée de la manière suivante par M. Moll. *Jamais la nourriture ne doit être à tel point aqueuse que l'animal n'éprouve plus le besoin de boire.*

On a remarqué que, chez les bêtes d'engrais qui prennent une nourriture substantielle, auxquelles on fait prendre du sel à titre de condiment, l'eau donnée à discrétion facilitait bien l'engraissement, Aussi, pour remplir cette indication, on a le soin de ne livrer au pâturage que les prés traversés par des cours d'eau, dans lesquels, ou à proximité desquels se trouvent des sources ou des abreuvoirs.

A l'étable, on donne à boire à chaque repas dans des baquets contenant assez d'eau pour que les animaux puissent étancher leur soif.

Eau des puits. — L'eau que l'on tire des puits ou que l'on recueille au moment où elle sort de terre, a une température toujours uniforme, qui est comprise entre 12 et 15 degrés. Elle paraît chaude en hiver, froide en été ; mais lorsqu'elle reste au contact de l'air, elle se met bientôt à l'unisson de la température ambiante.

L'eau froide peut devenir nuisible et produire des arrêts de transpiration chez les bêtes tenues constamment à l'étable, au milieu d'un air dont la température est toujours élevée. Dans ce cas, il faut avoir la précaution de placer des auges en pierre ou en bois dans la bouvière, et de les remplir d'eau quelque temps avant de faire boire les animaux. Celle-ci perd de sa fraîcheur, se met en équilibre de température avec l'air de l'étable, et n'occasionne plus d'accidents.

Eau chaude. — Nous pensons même qu'il peut y avoir avantage à verser de l'eau chaude dans les abreuvoirs pour tiédir celle qu'ils contiennent. Cette précaution a pour but de prévenir la perte du calorique que l'eau froide absorbe nécessairement lorsqu'elle pénètre dans le tube digestif. Il est vrai que l'usage prolongé de l'eau tiède tend à affaiblir la muqueuse intestinale, à rendre la digestion moins active. Si l'on suppose que cette action soit trop prononcée, on revient à l'eau fraîche pendant quelque temps, et celle-ci produira des effets toniques d'autant plus marqués que les bêtes en auront perdu l'habitude depuis plus longtemps. On peut aussi contre-balancer l'action affaiblissante de l'eau tiède au moyen des condiments, et surtout des liqueurs alcooliques que l'on mélange à celle-ci. Dans une étable bien tenue, nous avons vu adopter l'usage de verser un demi-litre d'eau-de-vie de garance par jour et par tête dans l'eau tiède présentée aux bêtes d'engrais [1].

Eau additionnée de diverses substances. — L'eau peut être donnée pure ou additionnée d'autres substances. Le plus souvent, lorsqu'on fait boire à l'étable, on y délaye de la farine, pour exciter les animaux à boire davantage. C'est ce qui s'appelle le *boire blanc*, de l'*eau blanche*.

Lorsqu'on a des résidus de distillerie, on en mélange une certaine quantité avec de l'eau pour les rendre plus liquides, et on forme

---

[1] Pour que les bêtes bovines se décident à boire l'eau tiède additionnée d'alcool, il faut qu'elles y soient habituées, et ce résultat est quelquefois difficile à obtenir.

ainsi une boisson très-nourrissante que les animaux prennent avec plaisir.

Pendant les fortes chaleurs de l'été, lorsque surtout les bêtes prennent une nourriture forte, on peut communiquer à l'eau des propriétés rafraîchissantes par l'addition d'un peu de vinaigre. On arrive au même résultat en laissant aigrir l'eau dans laquelle on a mis de la farine.

3. Soins hygiéniques.

IMPORTANCE DES SOINS HYGIÉNIQUES. — Il n'est aucun praticien qui ne comprenne l'importance des soins hygiéniques dont les animaux doivent être l'objet, en dehors de ce qui se rattache à la distribution de la nourriture et aux logements, et qui ne sache qu'une même quantité de substances alimentaires ne produit pas toujours les mêmes effets, lorsque, à conditions égales, les bêtes sont soignées par des personnes différentes. Car toutes ne sont pas également attentives à prévenir les moindres besoins des animaux, toutes ne savent pas traduire avec la même sagacité les moindres changements dans leurs habitudes et en deviner les causes.

QUALITÉS D'UN BON BOUVIER. — Un bon bouvier doit être doux, patient, et comprendre qu'il gouverne des êtres sans raison. Les coups, les mauvais traitements, ne peuvent être que très-nuisibles, non-seulement à cause des souffrances immédiates qu'éprouvent les sujets; mais parce que ceux-ci conservent le souvenir de ces mauvais traitements, et que l'approche de l'homme qui les leur a fait subir est pour eux un motif de crainte qui les tient en éveil et les agite en pure perte. Il doit surtout aimer la propreté, opérer des pansages, des lavages, etc. Il doit savoir distinguer les cas où il peut être utile de saigner, de faire prendre de l'exercice.

DES PANSAGES. — Beaucoup de cultivateurs négligent de panser les animaux soumis à l'engraissement, sous le vain prétexte que le poil et le fumier qui y adhère, et qui forme sur les cuisses, les fesses et sous le ventre une croûte plus ou moins épaisse, les fait paraître plus larges et leur donne un coup d'œil plus favorable à la vente. Ceux qui raisonnent de la sorte abandonneraient bientôt cette pratique vicieuse, s'ils pouvaient se rendre compte des effets salutaires du pansage. Chez les animaux qui restent constamment à la bouverie, non-seulement le fumier adhère aux parties qui reposent sur le sol lorsque l'animal est couché, mais l'air de l'étable est toujours chargé d'une poussière plus ou moins abondante qui tombe sur toutes les parties du corps, pénètre dans les poils, se fixe sur la peau dont elle bouche les pores, devient pour celle-ci une cause d'irritation, qui est le point de départ des affections prurigineuses. L'animal dont le tissu cutané est ainsi sali par la poussière se lèche constamment, s'agite, cherche à se frotter à tous les corps qui se trouvent à sa portée ; il éprouve, enfin, un malaise qui certainement doit avoir une influence plus ou moins prononcée sur les progrès de l'engraissement.

Mais le pansage n'a pas seulement pour effet d'entretenir la peau dans un état de propreté convenable. Le frottement de l'étrille et de la brosse ouvre les pores, accélère la circulation capillaire, provoque que l'afflux du sang vers la périphérie du corps, détermine une excitation générale qui réagit sympathiquement sur les bronches et sur les intestins. Il assouplit la peau, augmente l'appétit, facilite la digestion, et concourt à la conservation de la santé. Il est d'autant plus nécessaire que les animaux font moins d'exercice.

On effectue le pansage au moyen d'une étrille en fer, à dents émoussées, d'une étrille en bois, d'une écharde, d'une brosse un peu roide, ou bien avec un simple bouchon de paille.

Le frottement, les frictions sèches sur la peau, sont tellement nécessaires, que les animaux vont instinctivement se frotter contre les arbres, les murs, les haies, etc., lorsqu'ils sont au pâturage. Les Hollandais placent des os de baleine dans leurs prés pour que les animaux puissent satisfaire ce besoin.

Des bains pour le bétail. — On a recommandé comme particulièrement favorable à l'engraissement les lavages à l'eau chaude. Celle-ci gonfle les glandes de la peau et les mailles du tissu cellulaire sous-jacent. Les chairs deviennent plus molles, plus perméables. Les Anglais ont démontré expérimentalement que les lavages à l'eau chaude avaient pour effet d'augmenter le volume des parties sur lesquelles on les effectuait. Ils sont particulièrement indiqués pour opérer la détente et le relâchement des muscles chez les bêtes maigres, vieilles, et qui ont longtemps travaillé. Dans ce cas, M. Crud conseille de leur faire prendre des bains.

Propreté des étables. — Mais les soins de propreté doivent s'étendre aux litières, aux ustensiles, à l'étable tout entière. On enlève le fumier tous les cinq ou six jours. Durant ce laps de temps, il faut avoir le soin de *rafraîchir* la litière au moins deux ou trois fois, c'est-à-dire d'éparpiller une brassée de paille fraîche sur la litière déjà salie, afin que les animaux soient toujours couchés proprement.

On doit veiller à ce que les seaux, les vases, les auges soient la-

vés fréquemment, afin d'enlever complétement les parcelles de matières organiques attachées à leurs parois, qui, en passant à la fermentation putride, pourraient altérer le goût des aliments frais et
dégoûter les animaux. Si, après avoir servi à contenir des matières
fermentées, leurs parois sont imprégnées de liqueurs acides, il faut
les laver avec de l'eau de chaux.

On doit enfin, bien nettoyer les crèches, les râteliers, déposer les
fourrages dans un endroit sec, aéré, bien propre, enlever les toiles
d'araignée, boucher les trous, les fentes des murs, où peuvent
s'accumuler des débris de fourrages, où les rats viennent faire leur
nid, et desquels, par conséquent, se dégagent des gaz provenant de
la décomposition des matières organiques.

A propos de toiles d'araignée, il existe une croyance répandue
dans les campagnes qui leur attribue la propriété d'absorber les
virus dans les temps de maladies épidémiques, et de préserver
les animaux de leurs atteintes. Aussi voit-on des étables dont le
plafond est complétement caché par une couche épaisse de toiles
d'araignée. Il suffit de signaler ce préjugé aux hommes intelligents
pour en faire justice.

Les toiles d'araignée sont, au contraire, le réceptacle de la poussière, des débris de fourrage, des particules de matières animales
mêlées à la poussière de l'air. Elles absorbent une certaine quantité
des gaz qui se dégagent du fumier ; la vapeur d'eau se condense sur
leur trame, et le tout finit par fermenter, se décomposer, et devenir une cause d'insalubrité.

Il est donc d'une hygiène bien entendue de les enlever avec le
plus grand soin.

Saignée. — La *saignée* est une opération que l'on pratique d'une
manière empirique, souvent sans cause, et qui fait alors plus de mal
que de bien. Lorsqu'elle est faite à propos, elle offre pourtant des
avantages incontestables. Ainsi, chez les animaux qui passent subitement d'une nourriture pauvre à une alimentation plus alibile, elle
prévient le développement des maladies inflammatoires. Le bouvier
juge de son opportunité lorsqu'il voit une bête lourde, qui a le pouls
fort, les membranes muqueuses rouges, et qui manque d'appétit.
Chez les animaux maigres, qui ont longtemps travaillé, qui ont le
tissu cellulaire serré, les muscles fermes, rigides; chez ceux surtout
qui ont le *cuir pris*, c'est-à-dire, la peau adhérente, peu mobile ;
qui ont le poil piqué, le ventre tendu, la saignée opère une détente
de la fibre, change leur constitution, affaiblit, produit un peu de
vide dans les veines, et Magendie a prouvé que l'absorption deve-

naît alors plus active. La saignée est encore utile chez les animaux qui passent du travail forcé au repos absolu. Elle affaiblit le tempérament sanguin, rend le bœuf plus mou, mieux disposé à garder le repos.

Enfin on saigne encore à propos, pendant la durée de l'engraissement, les animaux dont on augmente progressivement la nourriture, lorsqu'on s'aperçoit qu'ils sont dans un état pléthorique. En dehors de ces circonstances, la saignée effectuée sur des animaux habitués à une nourriture pleine, pendant les derniers temps de l'engraissement, lorsqu'il n'y a pas d'indication thérapeutique, ne peut que les affaiblir et retarde les progrès de l'engraissement. Aussi la pratique de saigner les bêtes au printemps et en automne ne nous paraît pas justifiée. Dans tous les cas, elle est toujours plus nuisible qu'utile lorsqu'elle est appliquée comme mesure générale sur tous les sujets de l'étable.

Exercice. — Nous avons cherché à démontrer que le repos était particulièrement favorable à la production de la graisse. Il peut cependant devenir nécessaire de faire prendre de l'exercice aux animaux que l'on veut engraisser à l'étable. Le cas se présente lorsque ceux-ci sont forts, robustes; lorsqu'ils ont effectué pendant longtemps de pénibles travaux. On ne peut les faire passer brusquement d'une vie trop active à un repos complet. Il convient de leur faire prendre tous les jours un peu d'exercice et de ne les habituer que peu à peu à l'inaction, qui est de rigueur lorsqu'on veut le pousser au fin gras. Du reste, comme les animaux de l'espèce bovine son plus ou moins habitués à faire de l'exercice, soient qu'ils sortent de la prairie, soit qu'ils aient été employés au travail, il est toujours prudent de ne pas les faire passer sans transition au régime de la stabulation permanente.

Quelques praticiens veulent qu'on fasse prendre un exercice modéré aux bœufs pendant toute la durée de l'engraissement. Il est vrai que l'exercice améliore la viande, la rend plus ferme, fait disparaître les masses graisseuses pour faire pénétrer la graisse à travers les fibres musculaires. Les chairs sont par cela même plus savoureuses, plus délicates, marbrées. Mais il retarde l'engraissement, parce qu'il provoque nécessairement des pertes qui tourneraient au profit de la sécrétion adipeuse si elles n'avaient pas lieu. Il faut calculer si ce que la viande gagne en qualité est une compensation équivalente à ce qu'elle perd en quantité, lorsque les bœufs font un exercice même modéré. Il est certain encore que les bœufs qui font du mouvement sont plus robustes, ont une santé meilleure que ceux qui restent complétement inactifs. Mais ce qui est vrai aussi c'est que les bœufs faisant de l'exercice ne peuvent jamais atteindre, les dernières limites du fin gras. Pour obtenir ce résultat, il faut nécessairement qu'ils soient condamnés au repos le plus absolu.

Quelques praticiens pensent que les animaux qui ne sortent jamais, devenant apathiques, restent couchés des journées entières et gardent souvent leurs excréments et leurs urines plus longtemps qu'il ne convient à leur santé. Pour remédier à cet inconvénient, ils les font lever deux ou trois fois par jour, afin de les obliger à satisfaire à leurs besoins naturels.

CHAPITRE VI

MOYENS DE RECONNAITRE LE DEGRÉ D'ENGRAISSEMENT

1. — Divers états d'engraissement.

Pour que le succès réponde à l'attente de l'engraisseur, il est nécessaire que celui-ci sache reconnaître les différents états de maigreur ou de graisse des bêtes bovines, afin qu'il puisse en apprécier la valeur, soit qu'il veuille acheter, soit qu'il veuille vendre, soit enfin qu'il veuille se rendre compte des progrès de l'engraissement.

Depuis la maigreur la plus prononcée jusqu'au point où les animaux sont dits *en bon état*, *en chair*, il existe des degrés divers, désignés par des expressions différentes. Les cultivateurs disent qu'un bœuf est *sec à fond*, qu'il n'a que *la peau et les os*, lorsqu'il est dans un état de maigreur extrême, dans le marasme. Ils disent qu'il est *sec, desséché*, lorsque la maigreur est un peu moindre; qu'il *n'a pas de viande*, quand il est dans un état de maigreur ordinaire; enfin, *qu'il n'est pas en état* lorsqu'il commence seulement à maigrir.

Les divers états de graisse sont également exprimés par des dénominations différentes, telles que : *en bonne viande, gras, haute graisse, fin gras*.

Le premier degré de l'engraissement, c'est-à-dire, l'état désigné par les mots en chair, est caractérisé par une apparence de santé et de vigueur qui donne à l'animal un air gai. Les excrétions et les

exhalations sont abondantes, la transpiration onctueuse, le poil souple et lustré. De cet état, considéré comme point de départ, le bœuf
passe insensiblement à un degré supérieur, par un accroissement
progressif de son corps. Les protubérances saillantes semblent s'effacer, les dépressions extérieures se comblent, des dépôts de graisse
se forment dans diverses régions. Puis peu à peu la gaieté diminue,
pour disparaître bientôt; la démarche devient lourde, embarrassée.
Les saillies s'effacent entièrement, le corps s'arrondit, la sensibilité
s'émousse, l'appétit diminue. L'animal est arrivé à ce que l'on appelle le fin gras, état que quelques auteurs ont comparé à celui
d'un fruit mûr qu'il faut se hâter de cueillir. C'est ce qui constitue
l'obésité, proprement dite, ou la polysarcie des médecins, maladie
véritable à laquelle succède l'hydropisie cachectique, qui se termine
par la mort. Il peut arriver cependant que la réaction des forces de
l'organisme amène la résorption de la graisse. L'une et l'autre de
ces terminaisons doit être évitée par l'abatage des animaux en
temps utile.

Mais la graisse sécrétée pendant la période de l'engraissement
ne se dépose pas toujours avec la même uniformité dans tous les
organes. Certains animaux ont la faculté de l'accumuler principalement au milieu des organes internes; on les dit *gras en dedans*. Les
bêtes de conformation irrégulière présentent souvent cette particularité, et trompent en bien l'œil de l'acheteur, tandis que les bêtes
régulièrement conformées paraissent souvent plus grasses qu'elles
ne le sont réellement. Les animaux chez lesquels la graisse se dépose en plus grande abondance dans les parties externes, sont désignés par l'expression de *gras en dehors*. On les rencontre principalement parmi ceux qui ont été engraissés à l'étable, d'une
manière très-rapide, sous l'influence du repos absolu et d'une nourriture très-alibile, mais plutôt aqueuse que sèche.

Appréciation du poids d'un bœuf. — Cependant, il ne suffit pas
de savoir distinguer un bœuf maigre d'un bœuf gras, ni de reconnaître les cas où la graisse s'accumule dans certains organes
plutôt que dans d'autres; il faut encore que ces données générales soient complétées par la notion du poids. C'est par le poids
de viande net qu'il attribue à une bête que le boucher en fixe
la valeur; c'est sur le poids et la qualité de la viande des animaux maigres que l'agriculteur se fonde pour acheter. C'est également par le poids qu'il peut se rendre compte du plus ou
moins de rapidité de l'engraissement. Les procédés mis en usage
pour le déterminer d'une manière rigoureuse ou approxima-

tive sont au nombre de quatre : 1° l'examen des formes extérieures au moyen de la vue; 2° le toucher, c'est-à-dire l'exploration, avec la main, des diverses régions du corps pour reconnaître, soit le volume et la densité des muscles, soit les dépôts de graisse qui existent, chez une bête grasse, aux endroits appelés maniements; 3° la mensuration; 4° le pesage.

2. — Appréciation du poids par l'examen des formes extérieures.

La première impression que reçoit l'explorateur en abordant une bête de boucherie est celle de son volume. Il cherche tout d'abord à juger du rapport qui peut exister entre celui-ci et le poids de l'animal, en tenant compte à la fois de sa taille et de la configuration de ses formes extérieures. Ce moyen, on le comprend tout de suite, est le moins parfait de tous. Quelle que soit l'habileté et l'expérience du praticien, il est sujet à des erreurs, qui ont besoin d'être corrigées par les autres procédés. D'ailleurs il ne peut à lui seul donner une idée suffisante de l'importance des dépôts graisseux, de la densité, du plus ou moins de fermeté des chairs, toutes conditions qui concourent à modifier le poids de la viande pour un même volume.

Cependant, malgré ses imperfections, l'examen qui a pour objet l'appréciation des formes extérieures de l'animal, est d'une grande valeur. C'est celui qui doit être fait tout d'abord, qui doit précéder tous les autres, et dont ceux-ci ne sont, en quelque sorte, que le complément.

M. Stéphen, cultivateur anglais, a cherché à lui donner la plus grande précision possible, en le soumettant à des règles méthodiques. Il compare le corps d'un bœuf à un parallélipipède rectangulaire, et il en conçoit une opinion d'autant plus favorable, quant à la quantité des produits, qu'il se rapproche davantage de cette figure géométrique.

Qu'on s'imagine le corps d'un bœuf dont les faces latérales, postérieure, antérieure et supérieure seraient inscrites dans des cadres de forme rectangulaire, comme dans les grav. 1, 2, 3, 4.

M. Stéphen veut que chacune de ces faces remplisse le cadre correspondant de la manière la plus complète. Les lignes périmétriques doivent être droites, laisser dans les coins peu d'espace vide (grav. 1). Les faces latérales, c'est-à-dire les côtés du corps, doivent présenter trois lignes droites et parallèles, l'une de l'épaule *d*

Grav. 1. — l'œuf vu de côté, inscrit dans un rectangle.

à la hanche *g*, l'autre s'étendant de l'épaule *f* au rond de la cuisse, en passant par le point *l*; la troisième, enfin, est celle qui limite le ventre, qui doit être presque droit, c'est-à-dire, ni trop haut, ni trop tombant. Sur le trajet de la première ligne, les muscles qui recouvrent la partie supérieure des côtes formeront une masse charnue aussi élevée que le dos. Celles-ci paraîtront sortir horizontalement de la colonne vertébrale à leur origine, pour s'arrondir insensiblement sur les côtés, de manière à former sur toute cette surface une masse bien remplie, depuis le gras de la cuisse *i* jusqu'au point de projection de l'épaule *h*. L'épaule doit être proéminente. La région sise derrière le coude, et désignée sous le nom de défaut de l'épaule, doit être pleine. L'articulation scapulo-humérale ne doit pas être trop saillante, mais arrondie et couverte d'une couche graisseuse. Le cou se joindra insensiblement à l'épaule et ira en diminuant de largeur jusqu'à la tête, de manière à former un espace triangulaire, ayant pour base le bord antérieur du scapulum. Les os des hanches seront légèrement projetés, sans être saillants, les muscles des cuisses pleins et ronds.

Si nous passons à l'examen de la partie postérieure (grav. 2), le même bœuf nous présentera l'espace compris entre les os des hanches, de *c* en *c*, de niveau, mais un peu arrondi de chaque côté, et l'os de la queue légèrement projeté au-dessus; les muscles des fesses seront aussi pleins que les premiers; enfin, ceux du bas de la cuisse devront s'effacer graduellement vers la partie la plus mince. L'entre-cuisse sera rempli et gras. Quelquefois l'on voit la queue

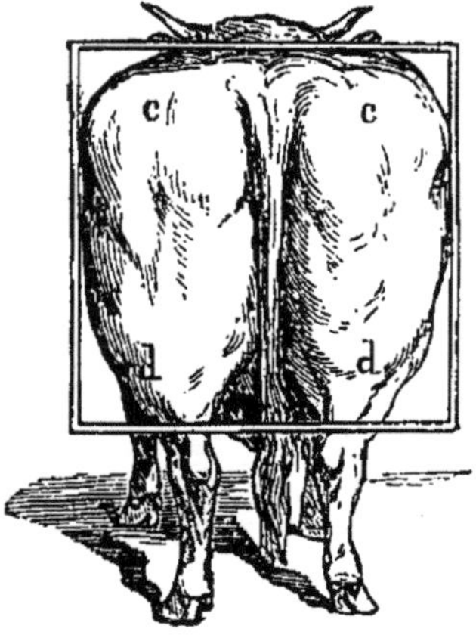

Grav. 2. — Bœuf vu par derrière, inscrit dans un carré.

reposer dans un canal formé par les muscles arrondis des fesses; mais ce cas est rare.

-Le bœuf, vu par sa surface antérieure, également inscrite dans un carré (grav. 3), présentera des épaules dont la pointe sera aussi écar-

Grav. 3. — Bœuf vu par devant, inscrit dans un carré.

tée que les os des hanches. Le sommet de cette région sera large, et ses côtés, naturellement arrondis, se confondront insensiblement avec les muscles du cou. Le sternum tombera en s'arrondissant, jusque près des genoux, entre les deux jambes de devant. Celles-c sont généralement plus écartées que les membres de derrière. Quand il y a égalité d'écartement entre les membres de derrière et ceux de devant, on peut être fondé à présumer qu'il y aura égalité de poids entre les quartiers antérieurs et postérieurs.

Enfin une condition excessivement avantageuse pour un bœuf gras, est un dos aussi large que possible, formant une surface plane de la croupe au sommet de l'épaule. (Grav. 4.) Tel est le mo-

Grav. 4. — Bœuf vu par dessus, inscrit dans un rectangle.

dèle idéal du bœuf de boucherie tracé d'après des notes prises sur la traduction des écrits de l'agronome anglais.

Hâtons-nous d'ajouter que dans la pratique l'on rencontre peu de sujets chez lesquels se trouvent réunies toutes les perfections de forme que nous venons de signaler. Le plus souvent, au contraire, l'on rencontre un nombre plus ou moins grand de défauts dont il faut savoir tenir compte, en tant que ceux-ci impliquent l'idée d'une diminution du poids de viande nette. Les lignes périmétriques, par exemple, peuvent s'incurver en différents sens et s'éloigner de la régularité des rectangles tracés aux gravures 1, 2, 3, 4. Ainsi le flanc peut laisser un large espace au-dessus de la ligne du cadre (grav. 1). La croupe peut être plus élevée que la ligne du dos ; le dos voûté en contre-bas. Le haut de l'épaule peut être trop élevé, aigu, conformation qui coïncide toujours avec une poitrine étroite et serrée. Le flanc est quelquefois long, creux et donne au

bœuf une apparence flasque. Les os des hanches peuvent être
trop écartés et trop saillants; les muscles de la croupe trop af-
faissés; la cuisse creusée vers son milieu de manière à laisser un
vide entre elle et la ligne du cadre. Le ventre peut être pendant;
la région située derrière le coude, désignée sous le nom de passage
des sangles, est quelquefois déprimée. L'épaule et les côtes peuvent
être plus ou moins aplaties; la pointe de l'épaule saillante. Enfin,
la colonne vertébrale peut être proéminente, étroite, conformation
désignée vulgairement sous le nom de *dos de rasoir*, et qui indique
toujours un mangeur lent et dur de qualité.

L'observateur devra donc opérer mentalement des soustractions
en rapport avec le nombre et l'importance des imperfections qu'il
remarquera.

Mais, quelle que soit son expérience, ses appréciations, au moyen
de la vue seule, n'atteindront jamais une exactitude suffisante si
elles ne sont contrôlées par l'exploration de la main.

3. — Des maniements.

Il existe sur le corps de l'animal des régions, des points particuliers, qui ont une situation précise, fixe et dans lesquelles la graisse
se dépose ou s'accumule. Ils sont désignés par le nom générique de
maniements. Mais chacun d'eux a sa signification propre et a reçu
un nom spécial que nous indiquons ci-après, d'après la liste consignée
dans l'excellent ouvrage du docteur Bardonnet des Martels [1].

L'exploration des maniements a pour but de reconnaître l'importance des couches de graisse dont ils sont le siége, d'apprécier si
celle-ci est dure, ferme ou molle, et de tirer de là des inductions
relatives à la qualité de la viande et au poids net de l'animal [2]. Cette
opération s'effectue soit en appliquant la main sur le maniement,
soit en cherchant à prendre la couche de graisse entre le pouce et
les autres doigts de la main pour en mesurer l'épaisseur.

---

[1] Cette énumération est la même que celle donnée par M. Lefèvre de
Sainte-Marie, d'après Chamard. M. Guenon ajoute un maniement de
plus, l'oreillette, qui n'a pas grande importance.

[2] La plupart des auteurs donnent le nom de maniement à l'action de
toucher, ou aux dépôts de graisse eux-mêmes; nous avons préféré, avec
M. Goubaux, réserver cette dénomination pour les régions où se forment
les dépôts graisseux.

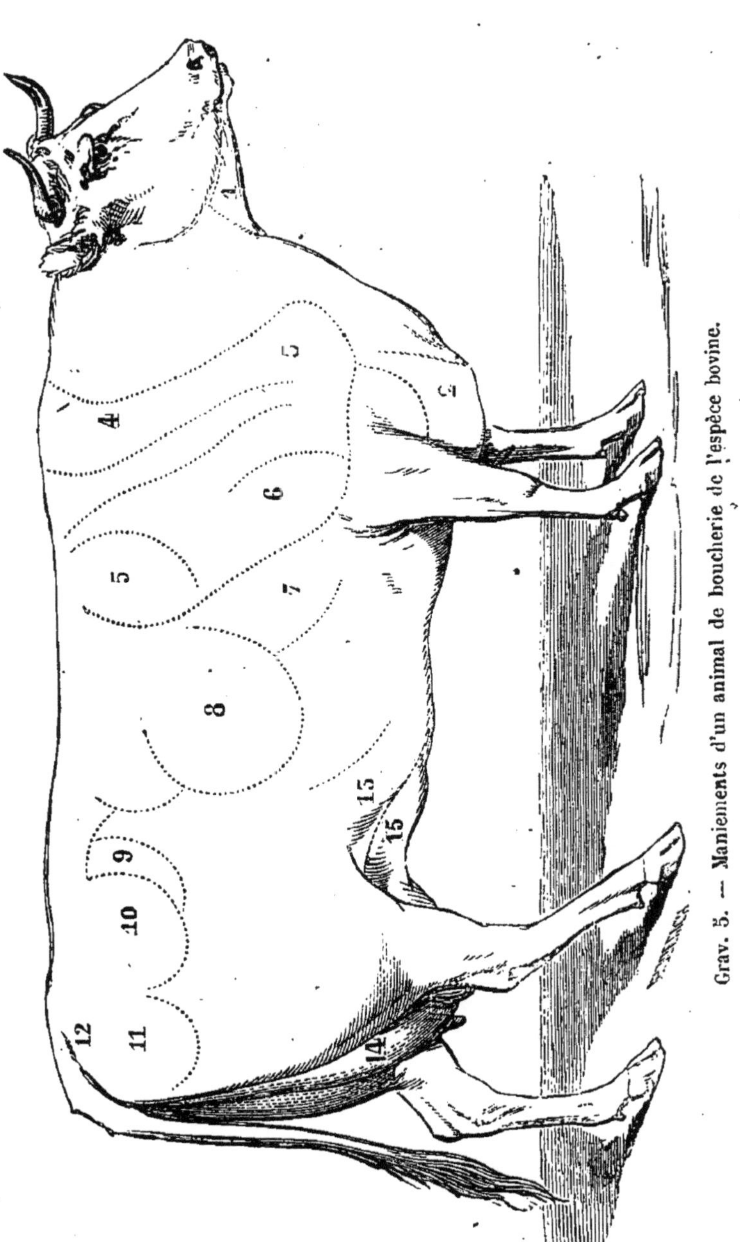

Grav. 5. — Maniements d'un animal de boucherie de l'espèce bovine.

NOMS DES MANIEMENTS D'APRÈS M. BARDONNET DES MARTELS.

(On trouvera dans la gravure 5 des numéros correspondant à ceux du petit tableau suivant) :

1. Le dessous de langue ou gros de langue.
2. La poitrine.
3. La veine ou avant-cœur.
4. Le collier.
5. Le paleron.
6. Le contre-cœur.
7. Le cœur.
8. La côte.
9. Le flanc.
10. Le travers.
11. La hanche.
12. Le bord du cimier.
13. La hampe ou le grasset.
14. Le cordon ou entre-fesson.
15. L'avant-lait.
16. Le dessous.

DIVISION DES MANIEMENTS. — On divise les maniements en simples ou pairs, doubles ou impairs suivant qu'ils sont placés sur la ligne médiane ou sur les parties latérales du corps. Les maniements simples sont le dessous de *langue*, la *poitrine*, le *cordon* et le *rognon*. Tous les autres sont doubles.

On les divise encore en communs aux deux sexes, et particuliers à chaque sexe. Ces derniers sont l'avant-lait, l'entre-fesson pour la femelle, et le rognon pour le mâle. Enfin on distingue les maniements en principaux ou accessoires, suivant leur importance. Les derniers offrent cette particularité que la graisse commence à s'y accumuler dès le début de l'engraissement, tandis qu'elle ne se dépose qu'à une époque très-avancée dans les premiers.

MANIEMENTS PRINCIPAUX. — Il importe de remarquer en outre que, au point de vue anatomique, *les maniements principaux ont pour centre un ou plusieurs ganglions lymphatiques, tandis que les maniements accessoires ne répondent pas à des ganglions lymphatiques, mais seulement à du tissu cellulaire lâche, plus ou moins abondant* [1].

Nous les décrirons successivement suivant l'ordre de cette dernière division :

1° La **veine**, ou l'**avant-cœur** ou l'**anti-cœur**, maniement principal, pair, commun aux deux sexes, est situé à la base de l'encolure, au devant du bord antérieur et inférieur du scapulum, près de son articulation qu'il recouvre, pour s'étendre jusque vers la partie moyenne de la face interne du bras. Il enveloppe la terminaison de

---

[1] Goubaux, *Mémoire sur les maniements. Recueil de médecine vétérinaire*, octobre 1855.

7.

la veine jugulaire, celle de la veine sous-cutanée du bras. Dans
sa masse se trouvent deux ganglions lymphatiques.

C'est dans le point placé au-dessous et en regard de l'articulation
scapulo-humérale que ce maniement est le plus superficiel et que
le dépôt graisseux présente le plus d'épaisseur.

Pour l'explorer on se sert de la main qui correspond au côté de
l'animal où l'on se trouve placé, en prenant un point d'appui sur
le garrot, au moyen de l'autre main. On cherche à l'isoler en enga-
geant les quatre doigts réunis, à la base de l'encolure sous le dépôt
graisseux, que l'on saisit ensuite avec le pouce, pour en apprécier
le volume et la densité.

D'après Guénon, son épaisseur est de quatre à cinq centimètres
pour la première qualité, de trois pour la deuxième, d'un pour la
troisième.

Ce maniement est un des derniers à se développer. Il indique le
suif intérieur.

2° La **hampe,** le **grasset,** le **fras,** l'**œillet,** les **œillères,** la
lampe, est un maniement principal, pair, placé dans l'épaisseur de
ce repli musculo-cutané qui s'étend de la partie postérieure et la-
térale du ventre vers l'extrémité inférieure et antérieure de la
cuisse.

La graisse accumulée vers ce joint forme une masse aplatie
dont le volume varie suivant la période où en est arrivé l'engraissement, qui chez les bêtes très-grasses peut s'étendre jusque sur le
ventre, et se continuer en haut jusqu'à la hanche, en suivant la direction du bord antérieur du muscle iléo-aponévrotique. Dans l'épaisseur de ce maniement se trouvent des divisions artérielles et vei-
neuses, et un ganglion lymphatique, allongé de haut en bas, dans
une longueur de huit à neuf centimètres.

La masse graisseuse qu'il forme est plus volumineuse du côté droit
que du côté gauche. « Chez les animaux de haute taille et de qualité
supérieure, dit M. Guénon, elle offre trois décimètres de longueur,
deux de largeur, un d'épaisseur. Pour la seconde qualité sa grosseur
sera de un tiers en moins sur toutes les dimensions. Pour la troisième qualité, d'un autre tiers encore.

Ce maniement est un des premiers à se former et un des derniers
à disparaître lorsque l'animal maigrit.

Quand il est volumineux et dur au toucher, il indique la riche
qualité de la viande et l'abondance du suif. Selon M. Chamard il
annoncerait aussi la graisse extérieure.

3° L'**avant-lait** est un maniement principal, pair particulier à la vache. Il est placé à la face interne de la cuisse, à peu près à égale distance du grasset et de l'entre-fesson, à la partie supérieure du pis, et immédiatement en avant des vaisseaux sanguins qui se rendent aux mamelles ou qui en émanent [1].

La couche graisseuse qui le constitue, d'abord peu volumineuse chez la bête maigre, s'étend peu à peu, décrit une courbe d'arrière en avant, et tend à se rapprocher de la ligne médiane, et par conséquent de celui du côté opposé, en passant en avant du pis. L'extension de ce maniement jusqu'à ce point, est le signe d'un grand état d'embonpoint. De même que dans les maniements qui précèdent, un gros ganglion lymphatique se trouve dans sa partie la plus épaisse.

On le palpe à pleine main, et son développement annonce toujours une chair pesante et la présence du suif.

4° Le **cordon**, l'**entre-fesson**, la **braie**, l'**entre-deux**, l'**entrefesse**, est un maniement principal impair, particulier à la vache. Il est situé entre les fesses, immédiatement en arrière du pis, à vingt ou vingt-cinq centimètres de la vulve. Sa forme est celle d'une masse oblongue, placée transversalement de la face interne d'une cuisse à celle du côté opposé. Chez les animaux très-gras, il prend la forme prismatique.

Sa base, qui se moule sur la partie postérieure du pis, recouvre l'artère mammaire, la veine mammaire, et de gros ganglions lymphatiques.

On le touche indistinctement avec les deux mains, en saisissant entre les doigts la masse que présente le dépôt graisseux. Chez les animaux très-gras, il est ferme et dur, il a une épaisseur de sept à huit centimètres. Il est un des derniers à se montrer. Il exprime le poids, et dénote beaucoup de suif.

5° Le **dessous**, le **rognon**, la **brague**, le **scrotum**, est un maniement principal impair, particulier au bœuf. Il correspond aux bourses. Celles-ci peuvent être le siége d'une accumulation graisseuse, plus abondante à la partie supérieure, c'est-à-dire dans le point où sont logés des ganglions lymphatiques.

On explore ce maniement en soupesant les bourses avec la main, pour en mesurer le volume et le poids.

« Indépendamment de la disposition toute particulière de ces parties, dit M. Bardonnet des Martels, on devra tenir compte d'un dépôt graisseux cylindrique, très-développé sur les bœufs de haute

---

[1] Goubaux, *loc. cit.*

graisse, et que la main reconnaîtra aisément à-sa ressemblance avec le maniement du cordon sur la vache. Ce dépôt graisseux ajoute une grande valeur au maniement du rognon proprement dit [1]. »

La communication des bourses avec la cavité abdominale fait supposer que la graisse qu'elles contiennent n'est, en quelque sorte, qu'une continuation de celle qui se forme dans les replis du péritoine.

6° Le **bord du cimier** ou le **cimier**, le **couard**, les **abords**, ou les **bords du bassin**, maniement principal pair, commun aux deux sexes, comprend dans son ensemble la base de la queue, la partie postérieure de la croupe, les parties latérales de l'anus et l'angle de la fesse. Le point qu'il occupe se présente un des premiers à l'œil de l'observateur.

C'est à la base de la queue et sur les côtés de l'anus que l'amas graisseux offre le plus d'épaisseur. De là il s'étend jusqu'à la pointe de la fesse, chez le bœuf de haute graisse, et présente plusieurs éminences de formes diverses.

On trouve en cet endroit un ganglion lymphatique, situé à la partie supérieure du bassin, et un autre plus petit à la partie supérieure et postérieure de la croupe.

L'époque où apparaît ce maniement n'est pas constante. Lorsqu'il se montre un des premiers, il indique la graisse extérieure. Lorsque au contraire il se développe plus tard, chez le bœuf fortement nourri, il témoigne d'un haut degré de graisse.

MANIEMENTS ACCESSOIRES. — Les maniements qu'il nous reste à décrire n'ont pas autant d'importance que les premiers. C'est pour cette raison qu'ils sont dits *accessoires*. Ils ont encore néanmoins une grande valeur par ce qu'ils servent à contrôler les résultats obtenus au moyen des maniements principaux.

On en compte dix, qui sont :

1° Le **dessous de langue**, ou **gros de langue**, ou **la sous-mâchelière**, maniement impair, commun aux deux sexes. Il est formé par une plaque de graisse déposée à la base de la langue, dans l'espace compris entre les deux branches du maxillaire inférieur. Par sa face profonde il se moule sur les deux glandes maxillaires; par sa face inférieure il s'appuie sur le sous-cutané de la face, et forme dans l'auge une proéminence plus ou moins prononcée suivant l'état de

---

[1] *Traité des maniements*, par le docteur Bardonnet des Martels, 1854, page 246.

graisse des animaux. Il est un des derniers à se former, il pronostique le suif intérieur.

2° La **poitrine,** maniement impair, commun aux deux sexes, ayant pour base le tissu cellulaire sous-cutané, lâche et abondant qui entoure le muscle grand pectoral, ceux de la région axillaire les muscles mastoïdo-huméral, sterno-hyoïdien, sterno-tyroïdien au point où ils viennent s'insérer sur la face inférieure du sternum.

La graisse paraît s'accumuler au milieu de ces muscles de la ligne médiane vers les parties latérales. Sur l'animal dont l'engraissement est peu avancé, on le touche à la pointe du sternum. Dans le bœuf fin gras, il se fait d'autres dépôts sur les côtés; le maniement devient alors multiple.

Il est un des derniers à se montrer, et par conséquent il indique la présence du suif,

3° Le **collier,** maniement pair, commun aux deux sexes, est situé aux trois quarts supérieurs environ du bord antérieur de l'épaule. Il tire son nom de cette particularité qu'il occupe la partie où porte le collier du harnais du cheval.

Il a pour base un tissu cellulaire lâche et abondant.

Sa situation très-rapprochée de celle de la veine, le premier des maniements que nous avons décrit, lui permet de se réunir à ce dernier, par son augmentation de volume et d'étendue chez le bœuf de haute graisse.

Il a la même signification que la veine.

4° Le **paleron,** maniement pair, commun aux deux sexes, placé vers l'angle dorsal du scapulum, d'où il peut s'étendre plus ou moins, de haut en bas, vers le contre-cœur, et en arrière vers la région des côtes.

On le reconnaît en appliquant sur sa surface la paume de la main, les doigts tournés en haut.

Ce maniement annonce la graisse extérieure.

5° Le **contre-cœur,** maniement pair, commun aux deux sexes. Il est placé au-dessous du précédent, en arrière de l'articulation scapulo-humérale, c'est-à-dire; dans l'angle compris entre le bord postérieur du scapulum et la face postérieure de l'os du bras.

Le tissu cellulaire est lâche et abondant dans cette région.

Ce maniement, dit M. Bardonnet des Martels, n'a qu'une valeur médiocre, quoiqu'il soit un des derniers à se former.

6° Le **cœur.** maniement pair, commun aux deux sexes. Il est placé au-dessous du paleron, en arrière du contre-cœur, c'est-à-dire à l'endroit qui correspond à la place qu'occupe le cœur dans l'intérieur de la poitrine.

Il indique la graisse extérieure.

M. Guénon a décrit les trois maniements qui précèdent sous le nom de veine de l'épaule. Leur jonction, et leur désignation par un seul nom s'explique jusqu'à un certain point, parce qu'ils sont très-rapprochés l'un de l'autre, parce qu'ils tendent à se réunir et à se confondre chez les bêtes très-grasses.

7° La **côte**, maniement pair, commun aux deux sexes. Il a son siége dans le tissu cellulaire qui existe au-dessous du sous-cutané du thorax, au niveau des dernières côtes.

Ce maniement est un des premiers à se former ; il indique la graisse extérieure.

8° Le **flanc**, maniement pair, commun aux deux sexes. Il est compris entre le bord libre des apophyses transverses des vertèbres lombaires, le bord postérieur de la dernière côte et la pointe de la hanche.

Ce maniement, encore appelé *croûte* par les bouchers, est annoncé à la vue par l'apparence ondulée que prend la peau lorsqu'il est bien développé. Cette apparence résulte de la formation de la graisse en plusieurs pelotons, souples, petits et plats.

« On se rend compte de la disposition particulière de la graisse dans cette région par la présence de plusieurs petits ganglions lymphatiques, placés dans un espace triangulaire, à côtés égaux, dont la base répondrait en haut, à l'extrémité des apophyses transverses des quatre premières vertèbres lombaires, et le côté antérieur à la moitié supérieure de la dernière côte[1]. »

Cette particularité anatomique, nous semble donner à ce maniement une importance presque aussi grande que celle attribuée à ceux appelés *principaux* par Guénon. Il est, en effet, un des premiers que les bouchers examinent lorsqu'ils abordent une bête de boucherie.

Il est un des derniers à se former ; mais lorsqu'ils est bien developpé, il se confond avec la côte et le travers, et il indique un état de graisse très-avancé.

9° Le **travers** ou **aloyau**, le **rable**, maniement pair, commun aux deux sexes. Il répond à l'extrémité des apophyses transverses des vertèbres lombaires, c'est-à-dire, sur le côté de la région que l'on appelle vulgairement le rein, à l'endroit qui limite le flanc. Ce ma-

---

[1] Goubaux, *loc. cit.*

niement se réunit à celui du flanc chez la bête grasse ; il a la même signification.

10° La **hanche** ou **maille,** maniement pair, commun aux deux sexes. Il se touche sur l'angle antérieur externe du coxal, au point désigné sous le nom de hanche.

La graisse y forme, chez l'animal gras, une couché de deux à trois centimètres d'épaisseur, qui dissimule les formes primitives de l'éminence osseuse.

A une période avancée de l'engraissement, il existe une corde graisseuse bien marquée, longeant le bord antérieur du muscle iléo-aponévrotique, qui relie la hanche au grasset. M. Goubaux l'explique par la présence de deux petits ganglions lymphatiques sur la face externe de ce muscle.

Ce maniement est un des premiers à se former ; il indique la graisse extérieure. Cependant les bouchers lui donnent une certaine importance. Ils disent qu'il y a de la graisse partout quand il y en a sur la hanche.

Par l'examen des formes extérieures et l'exploration des maniements les bouchers arrivent à préciser, à 3 ou 4 p. 0/0 près, le poids de viande net que peut fournir une bête de boucherie. Leur habileté est due surtout à la facilité qu'ils ont de corriger les erreurs de leur jugement par les pesées de l'abattoir, au coup d'œil que leur donne une longue habitude de juger de la densité de la viande, de comparer le volume des corps vivants avec le rendement définitif.

Cependant ils peuvent se tromper encore, et l'un des points qui les embarasse le plus souvent, est celui d'apprécier avec exactitude la quantité du suif intérieur. Aussi, comme celle-ci est, en régle générale, dans un rapport proportionnel avec la durée de l'engraissement et la richesse du régime alimentaire, ils ont le soin de s'éclairer, directement ou indirectement, sur la mesure selon laquelle ces conditions ont été remplies.

Mais l'agriculteur ne peut pas acquérir la même justesse de coup d'œil que le boucher, parce que ses observations ne portent que sur un nombre relativement restreint d'animaux, et qu'il ne lui est pas toujours facile de les suivre jusqu'à l'abattoir. Afin de lui donner le moyen de débattre ses intérêts avec connaissance de cause, on a imaginé pour lui des procédés d'une application plus facile, qui consistent à déterminer le poids par le volume, en mesurant certaines parties du corps.

4. — Mensuration.

La méthode qui a fait le plus de bruit, que l'on trouve décrite dans tous les auteurs et qui ne manque pas d'une certaine justesse, est celle proposée par Mathieu de Dombasle.

TABLES DE MATHIEU DE DOMBASLE. — Mathieu de Dombasle a observé que le poids de viande net est toujours dans un rapport proportionnel avec le périmètre du thorax ; en sorte que, la mesure du périmètre étant donnée, on doit avoir le poids net. Pour obtenir ce double résultat au moyen d'une opération très-rapide, il a imaginé un cordon divisé, d'un côté, en mètres et centimètres, depuis 1^{m}81, jusqu'à 2^{m}73; de l'autre se trouve une série de nombres indiquant le poids net depuis 350 livres jusqu'à 1,200 livres, correspondants à chaque division métrique et déterminés expérimentalement.

Le tableau suivant nous donnera une idée de la graduation de ce ruban. La première colonne représente les divisions en centimètres, la deuxième indique le nombre de livres qui correspond à chacune d'elles.

MESURE	POIDS	MESURE	POIDS	MESURE	POIDS	MESURE	POIDS
m. c.	livres.	m. c.	livres.	m. c.	livres.	m. c.	livres.
1.81	350	2.05	507	2.29	710	2.53	950
1.82	356	2.06	514	2.30	720	2.54	962
1.83	362	2 07	521	2.31	730	2.55	975
1.84	368	2.08	528	2.32	740	2.56	987
1.85	375	2.09	535	2.33	750	2.57	1.000
1.86	381	2.10	542	2.34	760	2.58	1.012
1.87	387	2.11	550	2.35	770	2.59	1.025
1.88	393	2.12	558	2.36	780	2.60	1.037
1.89	400	2.13	566	2.37	790	2.61	1.050
1.90	406	2.14	575	2.38	800	2.62	1.062
1.91	412	2.15	583	2.39	810	2.63	1.075
1.92	418	2.16	591	2.40	820	2.64	1.087
1.93	425	2.17	600	2.41	830	2.65	1.100
1.94	431	2.18	608	2.42	840	2.66	1.112
1.95	437	2.19	616	2.43	850	2.67	1.125
1.96	443	2 20	625	2.44	860	2.68	1.137
1.97	450	2.21	633	2.45	870	2.69	1.150
1.98	457	2.22	641	2.46	880	2.70	1.162
1.99	464	2.23	650	2.47	890	2.71	1.175
2 00	471	2.24	660	2.48	900	2.72	1.187
2.01	478	2.25	670	2.49	910	2.73	1.200
2.02	485	2.26	680	2.50	920		
2.03	492	2.27	690	2.51	930		
2.04	500	2.28	700	2.52	940		

On peut voir, par ce tableau, que le poids augmente à mesure que le périmètre s'étend dans une proportion indiquée d'abord par le rapport de 1 : 6 ; mais à mesure que les chiffres exprimant le périmètre s'élèvent, le rapport change ; il devient comme 1 : 10, 1 : 12, 1 : 14.

Précautions a prendre pour mesurer un animal. — Pour effectuer le mesurage d'une manière convenable, quelques précautions sont nécessaires. Il est indispensable d'employer un cordon inextensible. Mathieu de Dombasle se servait d'un ruban de fil enduit de caoutchouc. Il faut faire placer l'animal sur un plan horizontal, les deux membres de devant sur la même ligne ; la tête tenue ni trop haute ni trop basse. Trop haute, elle augmenterait la taille par l'effet du renflement qui se produirait dans le bord supérieur de l'encolure, vers sa base ; trop basse, elle produirait un abaissement de taille par l'abaissement du garrot. La direction la plus naturelle est la direction horizontale.

On place ensuite l'extrémité du ruban sur la partie la plus élevée du garrot. On l'étend sur l'épaule gauche, par exemple ; on le fait passer derrière le coude ; de là, sous le poitrail entre les deux membres de devant, où un aide placé du côté droit le prend pour l'appliquer sur le plat de l'épaule droite et le faire remonter jusqu'au point de départ, en ayant soin d'examiner s'il n'est ni trop tendu ni trop lâche.

L'endroit où a lieu la jonction du cordon avec son extrémité indique, d'un côté, le nombre de centimètres que mesure le périmètre du thorax, et du côté opposé le poids correspondant. Pour corriger les erreurs auxquelles pourrait donner lieu une première mensuration, on répète la même opération en sens inverse, c'est-à-dire en faisant passer le ruban derrière le coude droit, pour le faire remonter sur l'épaule gauche. Si les deux opérations donnent la même mesure, c'est une preuve en faveur de la régularité avec laquelle elles ont été faites. Mais si la contre-épreuve donnait un chiffre différent de celui de la première, on prendrait la moyenne, qui serait l'expression réelle du poids net.

Ce moyen se recommande par sa simplicité. Il est surtout utile pour acheter et pour se rendre compte des progrès de l'engraissement, parce qu'on n'a pas toujours dans les fermes et sur les marchés des bascules appropriées.

Cependant il n'est pas à l'abri de tout reproche. Certaines particularités de conformation mal appréciées peuvent être une cause d'erreur. Il peut arriver que deux animaux de différents poids, mais dont l'un a un garrot très-sorti, comme le bœuf de travail, et l'autre le garrot très-large, comme le durham, accusent le même périmètre. Il peut arriver encore que les parties antérieures soient plus développées que les parties postérieures, et que la mesure de la circonférence oblique de la poitrine ne donne qu'un poids illu- soire par suite de la disproportion qui s'établit entre ces deux par- ties principales de la bête. On peut objecter en outre que la viande n'a pas toujours le même poids. Les animaux qui ont fait de l'exer- cice, qui ont pâturé les herbes fines et aromatiques des montagnes, ont une chair plus serrée, plus dense, plus pesante que ceux qui ont vécu dans les lieux bas, ou qui ont reçu à l'étable une nourri- ture aqueuse. Enfin, chez les bêtes très-grasses, la mesure indique toujours un poids inférieur au poids réel.

« Depuis que j'ai connaissance de ce procédé, dit M. Villeroy, j'ai trouvé que, quand les bœufs sont amenés à un haut point de graisse, la mesure indique un poids inférieur au poids réel, et ceci me sem- ble facile à expliquer. Au commencement de l'engraissement, la na- ture travaille sur le tissu cellulaire, sur l'extérieur de l'animal, dont la circonférence augmente sensiblement. Ce n'est que plus tard que se forme la graisse intérieure, et l'animal augmente en poids et en valeur sans que la circonférence augmente dans la même proportion. La mesure ne peut non plus indiquer la quantité de suif que con- tient un bœuf, et cette quantité, qui peut varier beaucoup, augmente ou diminue la valeur de la bête. On doit observer que l'on dit ici *viande nette sans les rognons*, et que cependant les rognons se pè- sent généralement avec la viande ; en outre, le rapport de la circon- férence au poids varie dans les diverses races de bêtes [1]. »

Comme on le voit, le moyen proposé par Mathieu de Dombasle, malgré sa simplicité apparente, exige encore une certaine expérience. Il faut que l'engraisseur connaisse les races du pays dans lequel il opère ; qu'il compare quelquefois dans les abattoirs, les boucheries, les résultats du mesurage à ceux de la balance : c'est à cette con- dition seule que le cordon de Dombasle pourra lui être utile.

TABLES DE M. QUETELET. — Quelques auteurs, comparant le corps d'un bœuf à un cylindre rempli d'eau distillée, ont voulu en obtenir le poids en déterminant son volume[2]. Ainsi M. Quetelet, directeur de

---

[1] *Manuel de l'éleveur de bêtes à cornes*, par Félix Villeroy, p. 271.

[2] L'on sait que 1 centimètre cube d'eau distillée pèse 1 gramme, 1 décimètre 1 kilogramme, et le mètre 1,000 kilogrammes; en sorte que le volume d'un corps étant connu, il est facile d'en savoir le poids, si

l'Observatoire de Bruxelles, chargé par le gouvernement belge de connaître le poids des animaux sans avoir recours au pesage, a proposé le procédé suivant : Il prend la circonférence de la poitrine en arrière des coudes, détermine la longueur du corps en mesurant l'espace compris entre le milieu du bord antérieur de l'épaule et la pointe de la fesse. Pour tenir compte de la tête et des membres, il ajoute à cette dernière mesure 1/10 de la longueur du corps. Sur ces données il opère les calculs nécessaires pour obtenir le cube d'un cylindre de mêmes dimensions, et le résultat indique le nombre de décimètres cubes contenus dans le volume du corps, et en même temps il exprime les kilogrammes, puisque chaque décimètre cube équivaut à 1 kil. En procédant de la même manière pour une série de dimensions déterminées, M. Quetelet est arrivé à former des tables d'une grande utilité[1]. Ces tables se composent d'une colonne verticale désignant la circonférence, d'une colonne horizontale désignant la longueur du corps, et en regard de chaque nombre, au

l'on suppose que la susbstance dont il est formé pèse autant que l'eau distillée.

[1] Plusieurs formules sont usitées pour opérer ces calculs. Nous ignorons quelle est celle employée par M. Quetelet. Dans tous les cas, voici celle dont nous nous sommes servis pour former le tableau transcrit ci-dessus, qui est identique à celui du directeur de l'Observatoire de Bruxelles. On sait que le volume d'un cylindre circulaire droit est égal au produit du carré du rayon de sa base par le rapport de la circonférence au diamètre et par la hauteur du cylindre. En représentant le volume par v..., le rapport de la circonférence au diamètre par π, le rayon par R, et la hauteur du cylindre par H, les calculs à effectuer sont exprimés par la formule $v = \pi R^2 \times H$. Le rapport de la circonférence au diamètre étant un nombre constant, représenté par 3.14, on peut remplacer π par ce nombre dans la formule, soit $v = 3.14 \times R^2 \times H$. Le rayon s'obtient en divisant la circonférence, soit un périmètre de 1^m40, pour citer un exemple, par 3.14, et le quotient par 2, $R = \dfrac{c}{2 \times 3.14}$ soit dans l'exemple choisi $R = \dfrac{1.40}{2 \times 3.14} = 0.223$. Si nous supposons maintenant que la longueur du cylindre soit égale au premier nombre inscrit dans la colonne horizontale du tableau ci-dessus, et qui représente la longueur du corps, soit $1^m.20$, plus $\frac{1}{10}$, ce qui équivaut à $1^m.32$, on a, dans ce cas particulier, les calculs indiqués par la formule $v = 3.14 \times (0.223)^2 \times 1.32 = 0^{mc}.00020611...$, ou en négligeant les fractions, 206 kilogrammes en poids. Le calcul s'effectue dans le même ordre pour obtenir tous les autres nombres du tableau.

point de jonction des deux colonnes correspondantes, se trouvent les chiffres indiquant le poids de l'animal.

POIDS DES BÊTES A CORNES EN KILOGRAMMES.

CIRCONFÉRENCE PRISE DERRIÈRE L'ÉPAULE.	LONGUEUR EN CENTIMÈTRES DEPUIS LA PARTIE ANTÉRIEURE DE L'ÉPAULE JUSQUE DERRIÈRE LA CUISSE.															
	120	124	128	130	132	134	136	138	140	142	144	146	148	150	152	154
140	206	215	220	223	226	230	235	237	240	244	247	250	254	257	261	264
142	212	219	226	229	233	236	240	244	247	251	254	258	261	265	268	272
144	218	225	232	236	240	243	247	250	254	258	261	265	269	272	276	280
146	224	231	239	242	246	250	254	257	261	265	269	272	276	280	284	287
148	230	238	245	249	253	257	261	265	264	272	276	280	284	288	291	295
150	236	244	252	256	260	264	268	272	276	280	283	287	291	295	299	303
152	243	251	259	263	267	271	275	279	283	287	291	295	299	303	307	311
154	249	257	266	270	274	278	282	286	291	295	299	303	307	311	316	320
156	256	264	273	277	281	285	290	294	298	302	307	311	315	319	324	328
158	262	271	280	284	288	293	297	302	306	310	315	319	322	328	332	337
160	269	278	287	291	296	300	305	309	314	318	323	327	332	336	341	545
162	276	285	294	299	303	308	312	317	322	326	331	335	340	345	349	354
164	282	292	301	306	311	315	320	325	330	334	339	344	348	353	358	362
166	289	299	309	314	318	323	328	332	338	342	347	352	357	362	366	371
168	296	306	316	321	326	331	336	341	346	351	356	361	366	370	375	380
170	304	314	324	329	334	339	344	349	354	359	364	369	374	379	385	390
172	311	321	331	337	342	347	352	357	362	368	373	378	383	288	393	399
174	318	329	339	344	350	355	360	366	371	376	382	387	392	397	403	408

POIDS DES BÊTES A CORNES EN KILOGRAMMES

LONGUEUR EN CENTIMÈTRES DEPUIS LA PARTIE ANTÉRIEURE DE L'ÉPAULE JUSQUE DERRIÈRE LA CUISSE.

CIRCONFÉRENCE PRISE DERRIÈRE L'ÉPAULE.	140	142	144	146	148	150	152	154	156	158	160	162	164	166	168	170
176	380	385	390	396	401	407	412	418	423	428	434	459	445	450	455	461
178	388	394	399	405	411	416	422	427	432	438	444	419	455	460	466	471
180	397	403	408	414	420	425	431	437	442	448	454	459	465	471	477	482
182	406	412	417	423	429	435	441	446	452	458	464	470	475	481	487	493
184	415	421	427	433	438	444	450	456	462	468	474	480	486	492	498	504
186	424	430	436	442	448	454	460	466	472	478	484	490	496	503	509	515
188	433	439	445	452	458	464	470	476	483	389	495	502	507	514	520	526
190	442	449	455	461	468	474	480	487	493	499	506	512	518	525	531	537
192	452	458	465	471	477	484	490	497	503	510	516	523	529	536	542	549
194	461	468	474	481	487	494	501	507	514	520	527	534	540	547	553	560
196	471	477	484	491	498	504	511	518	524	531	538	545	551	558	565	572
198	480	487	494	501	508	515	521	528	535	542	549	556	563	570	576	583
200	490	497	504	511	518	525	532	539	546	553	560	567	574	581	588	595
202	500	507	514	521	529	536	543	550	557	564	571	579	586	593	600	607
204	510	517	524	532	539	546	554	561	568	575	583	590	597	605	612	619
206	520	527	535	542	550	557	565	572	579	587	594	602	609	616	624	631
208	530	538	545	553	560	568	576	585	591	598	606	613	621	628	636	644
210	540	548	556	563	571	579	587	594	602	610	618	625	633	641	648	658

POIDS DES BÊTES A CORNES EN KILOGRAMMES

CIRCONFÉRENCE PRISE DERRIÈRE L'ÉPAULE.	LONGUEUR EN CENTIMÈTRES — DEPUIS LA PARTIE ANTÉRIEURE DE L'ÉPAULE JUSQUE DERRIÈRE LA CUISSE.																	
	152	154	156	158	160	162	164	166	168	170	172	174	176	178	180	184	188	192
212	598	606	614	622	629	637	645	653	561	669	677	685	692	700	708	724	740	755
214	609	617	625	633	644	649	657	665	673	681	689	698	705	713	721	737	754	769
216	621	629	637	645	653	662	670	678	686	694	702	711	719	727	735	751	768	784
218	632	441	649	657	666	674	682	691	699	707	745	724	752	740	749	765	782	799
220	644	652	661	669	678	686	695	703	712	720	729	737	746	754	763	780	797	813
222	656	664	673	681	690	699	707	746	725	733	742	751	759	768	776	794	811	828
224	668	676	685	694	703	712	720	729	738	747	755	764	773	782	790	808	826	843
226	680	688	697	706	745	724	733	742	751	760	769	778	787	796	805	822	840	858
228	692	701	710	719	728	737	746	755	764	773	783	792	801	810	819	837	855	874
230	704	713	722	732	741	750	759	768	778	787	796	806	815	824	833	852	870	889
232	716	725	735	744	754	763	773	782	791	801	811	821	830	839	849	868	887	905
234	728	738	748	757	767	776	786	796	805	815	824	834	843	853	863	882	901	920
236	741	751	760	770	780	790	800	809	819	829	839	848	858	868	878	897	916	936
238	754	763	773	785	795	803	813	823	833	843	853	863	873	885	893	912	932	952
240	766	776	786	797	807	817	827	837	847	857	867	877	887	897	907	928	949	968

Figurons-nous, par exemple, un bœuf mesurant 160 cent. à la circonférence de la poitrine et dont le corps aurait 140 cent. de longueur. Pour connaitre son poids au moyen des tableaux qui pré-

cèdent, il suffit de chercher le nombre 160 cent. dans la colonne
qui indique la circonférence de la poitrine, de suivre la ligne horizontale qui est en regard de ce nombre jusqu'au point correspondant
à la ligne verticale, en tête de laquelle est inscrit le nombre 140 ;
les chiffres qui se trouvent à ce point, soit 314, indiquent le poids
cherché en kilogrammes.

Ces tables sont très-utiles dans les fermes où l'on n'a pas de bascule. L'agriculteur intelligent pourrait aussi en tirer parti sur les
marchés, en les copiant sur une feuille de papier libre qu'il con-
sultera au besoin.

Il nous est arrivé plusieurs fois de déterminer très-approximati-
vement le poids d'un bœuf par ce moyen, qui, du reste, a été adopté par le gouvernement belge pour la fixation des droits. L'arrêté
du 6 juin 1852, accorde pour la fixation du droit une tolérance, ou
réduction de 5 pour 100, sur le résultat du poids obtenu par le
mesurage de M. Quetelet, et en cas de contestation le bétail peut,
à la demande du contribuable, être soumis à la pesée, au bureau
le plus voisin où se trouvera une balance à bascule.

Cependant, si l'on considère que le poids de la viande ne correspond pas exactement à celui de l'eau distillée, que le cylindre représenté par le corps est loin d'être régulier, il est naturel de penser
que les données du calcul ne peuvent pas être toujours d'une exactitude rigoureuse. Mais il faut savoir se borner à ne demander à la
science que ce qu'elle peut donner. C'est par la comparaison des
divers procédés et par l'expérience que l'on arrive à corriger les
erreurs.

On fait à ce moyen un reproche qu'il partage avec la bascule, c'est
de ne donner que le poids brut des animaux, tandis que le poids de
viande net est ce qu'il y a de plus important à connaître. Mais une
fois qu'on a le poids brut on peut arriver approximativement à la
connaissance du dernier, parce qu'il existe entre eux des rapports
qui sont assez constants pour un même point de graisse, et que nous
établirons dans le chapitre suivant.

Procédé de mensuration de David Low. — David Low, en Angleterre, a conseillé un procédé qui se rapproche beaucoup de celui de
M. Quetelet. Il tire une ligne du point le plus élevé de l'épaule au
point le plus éloigné de la croupe ; il multiplie le nombre exprimant cette longueur par le carré du périmètre de la poitrine, pris
derrière les coudes, et le produit par 238. Cette opération donne
le poids de viande nette en stones de 6 kil. 448 gr. chacune.

M. David Low est arrivé à ce moyen en déterminant par l'expérience le rapport du poids des quartiers avec le cylindre représenté par le corps d'un bœuf.

5. — Pesage.

La balance est un moyen précieux pour suivre la marche de l'engraissement, pour s'assurer jusqu'à quel point le régime alimentaire et les soins qu'on donne à chaque bœuf lui sont profitables. Mais son utilité est moins grande lorsqu'il s'agit de vendre pour la boucherie, parce que, nous l'avons déjà dit, le prix des animaux est débattu, non d'après leur poids brut, mais d'après leur poids net; d'ailleurs on n'a pas toujours une balance à sa disposition sur les marchés.

Thaër donne la description d'une balance que l'on peut monter soi-même à bon marché. « On suspend, dit-il, au moyen d'une chaîne, au très-court bras du fléau de la balance, une caisse formée avec des planches rassemblées d'une longueur et d'une largeur telles, qu'une bête à corne puisse y être debout. On a soin de faire une porte, par laquelle l'on fait entrer l'animal que l'on veut peser, et du côté opposé un râtelier où l'on attire le bétail en lui donnant un peu de foin.

« La caisse repose alors sur le sol, elle y est immobile. L'autre côté du fléau de la balance, fléau qui peut être de bois seulement, est dix fois plus long. On y suspend un bassin sur lequel on dépose le poids. L'équilibre doit être établi par le moyen de ce bassin de manière que l'addition du poids le plus léger fasse élever la caisse lorsqu'elle est vide. Comme, du côté du bassin, le fléau est dix fois plus long que du côté de la caisse, tout poids que l'on place sur le bassin produit un effet décuple de celui qui se trouve dans la caisse. La dixième partie d'une livre soulève une livre, et une livre en soulève dix. Le poids de l'animal qui a été introduit dans la caisse est atteint aussitôt que cette caisse commence à se remuer tant soit peu. Si on le faisait élever, cela effrayerait l'animal. Un tel poids peut être placé dans une étable, pourvu que le pivot sur lequel le fléau repose soit suspendu entre deux poutres. On peut aussi l'établir dans une cour, mais alors il faut lui faire une monture ou un support. Une telle balance est encore extrêmement utile pour peser le fourrage. »

CHAPITRE VII

RENDEMENT.
COUPE DU BŒUF DANS DIFFÉRENTES VILLES.

1. — Rendement des bêtes de boucherie.

VIANDE NETTE. — Le corps d'un bœuf, considéré au point de vue de la boucherie, se divise en deux portions distinctes : l'une comprenant les parties débitées à l'étal, que l'on désigne par l'expression de *viande nette*; c'est la seule que paye le boucher, et sur laquelle s'appuie son estimation lorsqu'il achète une bête grasse; l'autre, désignée par le nom d'*issues*, est fournie par les pieds, la tête, la peau, le poumon, les intestins, le foie, la rate, la langue et le sang; elle constitue le cinquième quartier, qui est considéré comme le bénéfice du boucher.

Le rendement s'entend de la proportion de viande nette relativement au poids total; plus cette proportion est grande, et plus la bête a de valeur.

Cette estimation est facile pour le boucher qui a l'habitude de comparer, mais elle devient très-difficile pour l'engraisseur qui veut vendre. Celui-ci, ne pouvant suivre les animaux à l'abattoir, ne peut acquérir la notion du rapport qui doit exister entre le poids vif et le poids de viande nette, parce que ce rapport varie nécessairement suivant les races, suivant la conformation des individus, suivant le régime auquel ils ont été soumis, et enfin suivant le degré d'engraissement où ils sont arrivés. L'ignorance dans laquelle il se trouve le plus souvent le rend très-inférieur au boucher, lorsque le bétail est acheté par tête, parce qu'il ne peut débattre ses intérêts avec une pleine connaissance de cause. Cependant il existe des données moyennes qu'il doit connaître, et qui, l'expérience aidant, lui permettront d'utiliser les moyens d'appréciation que nous avons exposés dans le chapitre précédent. Ainsi les nombreuses pesées faites dans les abattoirs pour résoudre cette question ont prouvé que généralement le rendement en viande nette était de 50 à 54 pour 100 pour une bête en état; de 54 à 58 pour 100 pour une bête en viande; de 58 à 62 pour 100 pour une bête grasse; de 62 à 66 pour 100 pour une bête très-grasse, et enfin de 66 à 70 pour

100pour cellequi a été poussée jusqu'aux dernières limites du .fin gras.

Suif. — Le poids du suif présente moins d'uniformité. Il peut varier entre 4 et 14 pour 100. C'est surtout pour l'appréciation du suif qu'il importe de connaître le genre d'alimentation des animaux, leur âge. En consultant les tableaux publiés par l'administration, on trouve que la quantité de suif est plus considérable chez les bêtes qui ont atteint ou qui ont dépassé l'âge adulte que chez celles qui n'y sont pas encore arrivées. Nous avons déjà dit que chez certaines bêtes le suif s'accumulait plus facilement à l'intérieur qu'à l'extérieur ; enfin que les maniements étaient un moyen de reconnaître son plus ou moins d'abondance, suivant qu'ils sont plus ou moins développés, plus ou moins denses. D'après la quantité de suif que l'examen de la bête vivante fait supposer, il faut, par la pensée, augmenter ou diminuer la proportion de viande nette :

Soit, par exemple, un bœuf très-gras, pesant en vie 875 kil. S nous supposons qu'il donne 65 pour 100 de viande nette, nous aurons un poids net de 568.75 de chairs bonnes à débiter, suif non compris. Si cet animal se trouve dans des conditions ordinaires, il aura une proportion moyenne de suif de 8 pour 100, ou 70 kil. S'il est gras en dehors, s'il a été engraissé très-rapidement, il faudra diminuer cette proportion ; si, au contraire, l'animal est gras en dedans, s'il a reçu une alimentation sèche, si son engraissement s'est effectué lentement, le suif étant en plus grande abondance, il faudra ajouter à cette moyenne. Or, le prix de la viande et du suif étant connu, on aura tous les éléments qu'il faut pour estimer une bête de boucherie à sa juste valeur.

Depuis une quinzaine d'années, l'administration a institué, dans chaque chef-lieu de concours, des commissions de rendement, chargées de surveiller l'abatage des animaux primés. Nous empruntons à M. Gayot le tableau suivant, dressé d'après les travaux de la commission chargée d'expérimenter dans les abattoirs de Paris.

Ces tableaux de rendement, publiés par l'administration, n'ont à nos yeux qu'une valeur très-secondaire, parce qu'ils ne portent que sur des animaux d'élite, qui s'éloignent beaucoup de la moyenne de rendement des animaux de commerce ; parce que, par les expressions de viande nette, on n'entend pas partout la même chose. Ainsi, tandis qu'à Lille on ne comprend dans la viande nette ni le poids de la tête, ni le suif du rognon, à Paris ces deux parties y sont comprises, et établissent une différence de 6 à 8 pour 100 dans le rendement. Enfin ces tableaux n'ont pas à nos yeux une grande valeur, parce qu'en raison même de leur caractère de généralité, ils ne portent pas cet enseignement qui résulte d'une étude locale et faite sur un petit nombre de races. Les faits, du reste, se perdent au milieu de détails difficiles à suivre. Quelque temps d'observation sur les marchés et dans les abattoirs en apprendra plus à l'engraisseur que l'étude la plus approfondie de ces documents.

RENDEMENT MOYEN PAR RACES

PREMIÈRE PÉRIODE, DE 1845 A 1846.

NOMBRE DE TETES.	RACES	POIDS VIF	QUATRE QUARTIERS p. %	SUIF p. %	CUIR p. %	ISSUES p. %
	14 Animaux de 4 ans au plus.					
1	Durham pur sang.	825 k.	64 »	5.91	6.09	24 »
4	Charolaise.....	741	62.05	8.04	6.20	23.73
1	Durham-charolaise.	804	64.55	5.72	6.50	23.23
3	Cotentine......	914	64.11	7.61	5.82	22.46
4	Durham-cotentine.	852	60.86	6.57	6.28	26.29
1	Durham-normande.	960	61 51	8.07	5.78	24.64
	20 animaux de plus de 4 ans.					
9	Durham pur sang.	836	63.22	8.81	5.36	22.61
4	Durham charolaise.	1.051	62.06	7.12	5.57	25.25
2	Cotentine.....	1.261	59.70	7.97	6.55	25.78
3	De Salers.....	964	66.44	7.82	6 10	19.64
1	Limousine......	950	69.26	6.82	6.31	17.61
1	Choletaise.....	790	61.77	11.45	6.26	20.52

DEUXIÈME PÉRIODE, DE 1855 A 1856.

NOMBRE DE TÊTES.	RACES	POIDS VIF	QUATRE QUARTIERS p.°/₀	SUIF p. %	CUIR p. %	ISSUES p. %
	15 animaux de 3 ans au plus.					
6	Durham pur sang	824k.	67.36	10.02	5.77	16 85
2	Sous race Durcet..	880	66.64	8.37	6.11	18.88
2	Durham-mancelle .	875	65.62	8.48	6.57	19 35
1	— cotentine .	755	67.73	12.99	5.60	13.68
1	— limousine .	635	63.77	6.28	6.92	23.03
1	Ayr-bretonne. . .	630	65.87	10.48	7.14	16 51
1	Charolaise.. . . .	830	70.60	8.43	6.35	14.64
1	Choletaise.. . . .	605	66.45	9.91	6.94	16.70
	73 animaux de plus de 3 ans.					
3	Durham pur sang	1.122	66.90	11.35	5.41	16.34
2	Sous race Durcet..	970	68.74	9.34	5.90	14.02
8	Durham-mancelle.	1.001	68.85	10.77	5.34	15.04
2	— cotentine..	880	69.09	10.30	5.19	15.42
10	— charolaise.	931	66.35	8.23	6.20	19.22
1	— bretonne..	880	69.81	11.18	5.09	13.92
1	— Herefort. .	1.015	70.44	8.67	5.12	15.77
1	— normande.	805	68.32	9.69	5.59	16.40
2	Cotentine.	1.162	63.16	10.26	5.91	20.67
15	Charolaise.. . . .	983	65.34	9.81	6.06	18.79
1	Nivernoise. . . .	1.080	67.82	9.01	5.84	17.33
4	Choletaise.. . . .	922	64.83	9.83	5.91	19.43
1	Nantaise.	855	65.82	10 »	5.91	18.27
2	Bretonne.	600	64.94	10.46	7.19	17.41
8	Limousine.. . . .	958	64.61	8.74	6.47	20.21
1	Périgourdine . .	1.200	65.63	13.75	6.96	13.66
2	Salers.	1.005	67.42	8.50	5.62	18.46
1	Aubrat.	860	61.29	8.52	8 »	22.19
5	Garonnaise. . . .	1.176	66.51	10.08	6.18	17.23
2	Bazadaises. . .	1.070	63.29	10 29	6.19	20 23
1	Béarnaise.. . . .	865	62.25	8.09	7.63	22.05

2. — Coupe du bœuf.

DISTINCTION DES QUALITÉS DE LA VIANDE. — Tous les animaux ne fournissent pas de la viande de même qualité. Celle-ci est d'autant plus estimée, qu'elle a plus de finesse dans le grain ; que la graisse est plus uniformément répartie dans toutes ses parties, et donne à la chair un aspect plus marbré ; qu'elle a une couleur plus rosée, c'est-à-dire ni trop rouge, ni trop pâle ; qu'elle possède mieux cette saveur et cette odeur suave que chacun recherche, et enfin qu'elle est fournie par une bête arrivée à l'âge adulte, ni trop vieille, ni trop jeune. Dans la meilleure viande, la graisse est blanche.

Mais cette distinction des qualités de la viande doit être faite non-seulement à propos des chairs fournies par des animaux diffé-rents, mais encore à propos des différentes parties d'un même animal. A l'abattoir, la bête de boucherie est divisée en quatre quartiers, au moyen de deux sections, l'une longitudinale, l'autre transversale. Mais chacun de ces quartiers est lui-même décomposé à l'étal en plusieurs morceaux, ayant des noms différents, qui sont classés en première, deuxième, troisième et quatrième catégorie, et qui sont vendus des prix différents.

DIVERSES MANIÈRES DE DÉPECER LES ANIMAUX. — La manière de dépecer les animaux à l'étal varie suivant les localités, et les dif-férences qui en résultent paraissent tenir leur raison d'être des particularités de conformation des diverses races. Malheureuse-ment cette question, tout à fait indépendante de celle du ren-dement, est loin d'être résolue. Elle offre un vaste champ d'ob-servation qui sera exploré plus tard. Il ne faut pas oublier que la zootechnie est une science neuve, présentant encore des points obscurs qui ne peuvent être élucidés qu'avec le temps.

Quoi qu'il en soit, il ne suffit pas d'obtenir d'un animal beau-coup de viande, il faut encore que cette viande soit composée en majorité de bons morceaux. Il y a dans ce fait profit pour tout le monde.

Nous empruntons les tableaux suivants au Traité de la race de Durham, par M. Lefèvre de Sainte-Marie, inspecteur général d'agri-culture. Ils nous donneront une idée de la coupe du bœuf à Paris, Lyon, Bordeaux, Lille, Nîmes, Nantes, Londres, ainsi que les noms des différents morceaux.

Pour plus de clarté, chaque tableau est accompagné d'une gra-vure indiquant, par des numéros correspondant à ceux du tableau, la place des morceaux débités par la boucherie.

COUPE DU BŒUF A PARIS, GRAV. 6.

NOMS DES MORCEAUX	PRIX DU KILOG. DE CHAQUE MORCEAU.	POIDS DE CHAQUE MORCEAU POUR UN BŒUF GRAS DE RACE NORMANDE, SAINTONGEOISE DU POIDS DE 457 KIL. CHAIR NETTE.		PROPORTION DES MORCEAUX AU POIDS SUR 100 KILOGR. DE CHAIR NETTE.	
PREMIÈRE QUALITÉ.	fr. c.	kil.			
1 Tende de tranche. (partie intérieure).	1.50	20.		4.4%	
2 Pointe de culotte. .	1.50	30.		6.5	
3 Tranche grasse. (partie extérieure).	1.50	20.		4.4	
4 Aloyau. . .	1.50	50.		11.0	
5 Filet (part. intér.).	3. » à 3.20	7		1.5	
6 Gîte à la noix. . .	1.50 à 1.60	15		5.2	
Total de la 1ʳᵉ qual.			142		31.0%
DEUXIÈME QUALITÉ.					
7 Paleron. . . .	1.10 à 1.20	70.		15.2%	
8 Talon de collier. . (partie inférieure).	1.20 à 1.50	5.		1.1	
9 Côtes. . . .	1.40 à 1.50	45.		9.9	
Total de la 2ᵉ qual.			120		26.2%
TROISIÈME QUALITÉ.					
10 Plates-côtes ou plat de côtes. . . .	0.90	25.		3.5%	
11 Collier.	0 90 à 1. »	55.		7.5	
12 Pis de bœuf. . . (basse boucherie).	0.80 à 0 90	75.		16.2	
13 Gîte { memb. antér. / memb. post..	1. . . . / 0.99	15 } 25. / 10		5.5	
14 Tête ou joue. . .	0.50 à 0.60	10.		2 4	
15 Surlonge. . . . . (partie interne.)	0.70 à 0.80	10.		2.4	
16 Rognons de graisse (partie intérieure.)	1.00 à 1.10	15.		5.5	
Total de la 3ᵉ qual.			195		48.8%
			457		100. %

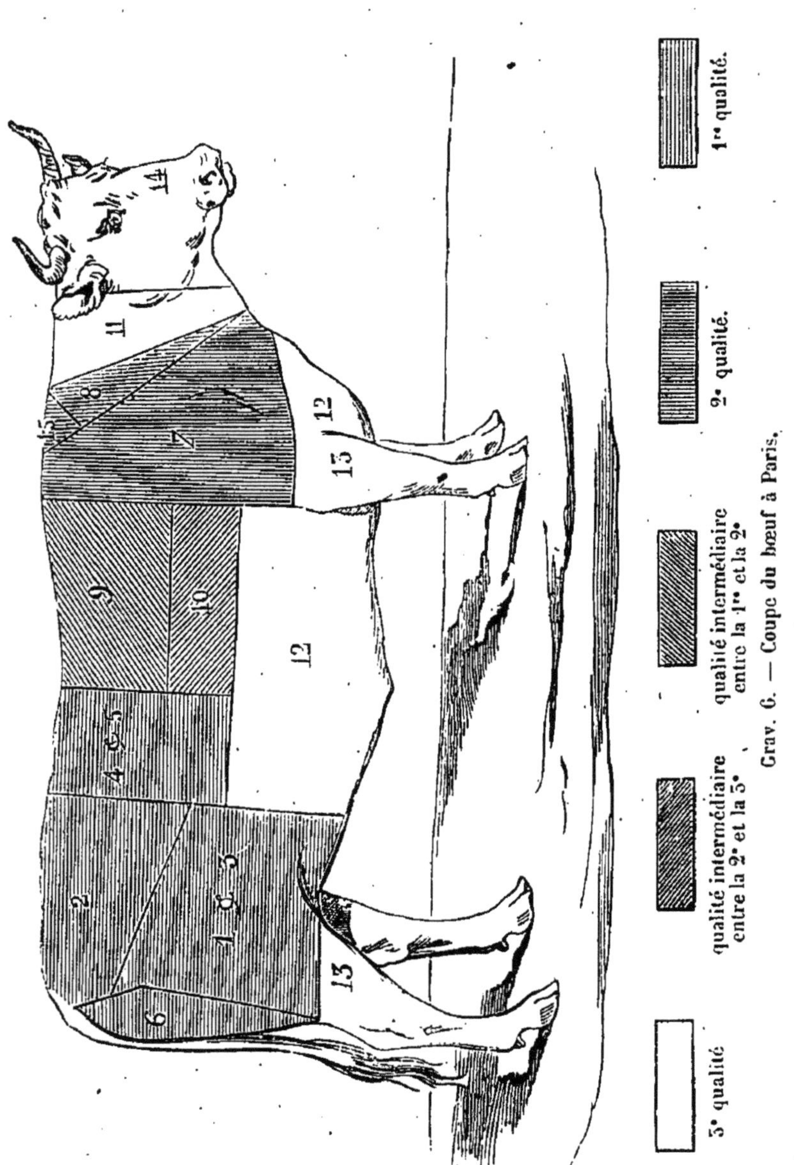

Grav. 6. — Coupe du bœuf à Paris.

COUPE DU BŒUF A LYON, GRAV. 7.

NOMS DES MORCEAUX.

1. Tête.	7. Courtes côtes.	13. Cîme d'aloyau.
2. Collet.	8. Section des quartiers	14. Coire.
3. Cœur de côtes	9. Trinquette.	15. Veine.
4. Epalard.	10. Petits os.	16. Filet.
5. Basses côtes.	11. Hampe.	17. Leiche.
6. Gremot.	12. Aloyau.	

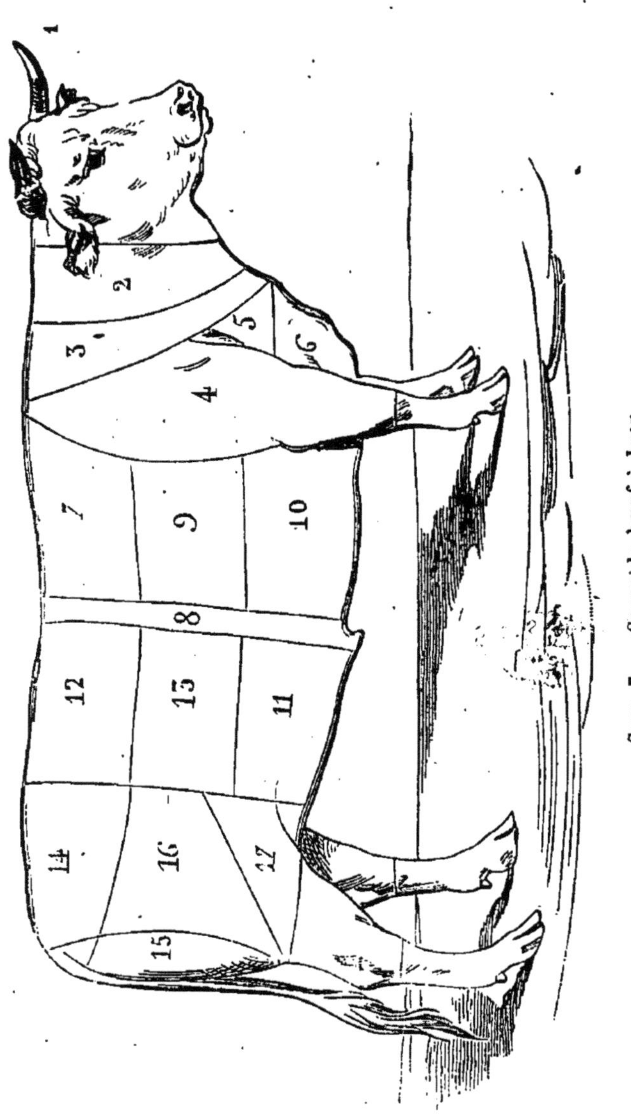

Grav. 7. — Coupe du bœuf à Lyon.

COUPE DU BŒUF A BORDEAUX, GRAV. 8.

DIVISIONS PRINCIPALES	POIDS POUR UN BŒUG AGENAIS	SUBDIVISIONS	POIDS	PRIX DU MIL. DE CHAQUE MORCEAU
PREMIÈRE QUALITÉ			kil.	fr. c.
		Côtes fines. . . .	44	1 »
1 Esquinos..	134	Aloyau..	46	1.40
		Couhaut (Culotte).	44	1.20
		Dessous.	56	1.30
2 Cuisse..	138	Dessus.	42	1.20
		Ouverture. . . .	30	1 »
		Os sortis.	10	0 »
Poids total de la 1ʳᵉ qual.	272			
DEUXIÈME QUALITÉ				
		Aiguillette. . . .	20	1 »
3 Caprain.	172	Veine.	20	0.90
		Caprain.	51	1 »
		Entre-côtes.. . .	80	0.90
Poids total de la 2ᵉ qual.	172			
TROISIÈME QUALITÉ				
4 Flanchet..	72	Suif..	36	1 »
		Flanchet.	36	0.90
5 Poitrine.	76	Suif.	26	1 »
		Poitrine.	50	0.70
6 Épaule.	56	Épaule..	42	0.70
		Jarret.	14	0.50
7 Col.	58	Col.	38	0.50
8 Jarret..	16	Jarret.	16	0.50
9 Rognon..	50	Rognon..	50	1 »
Poids total de la 3ᵉ qual.	308			
Poids total des trois qual.	752		752	

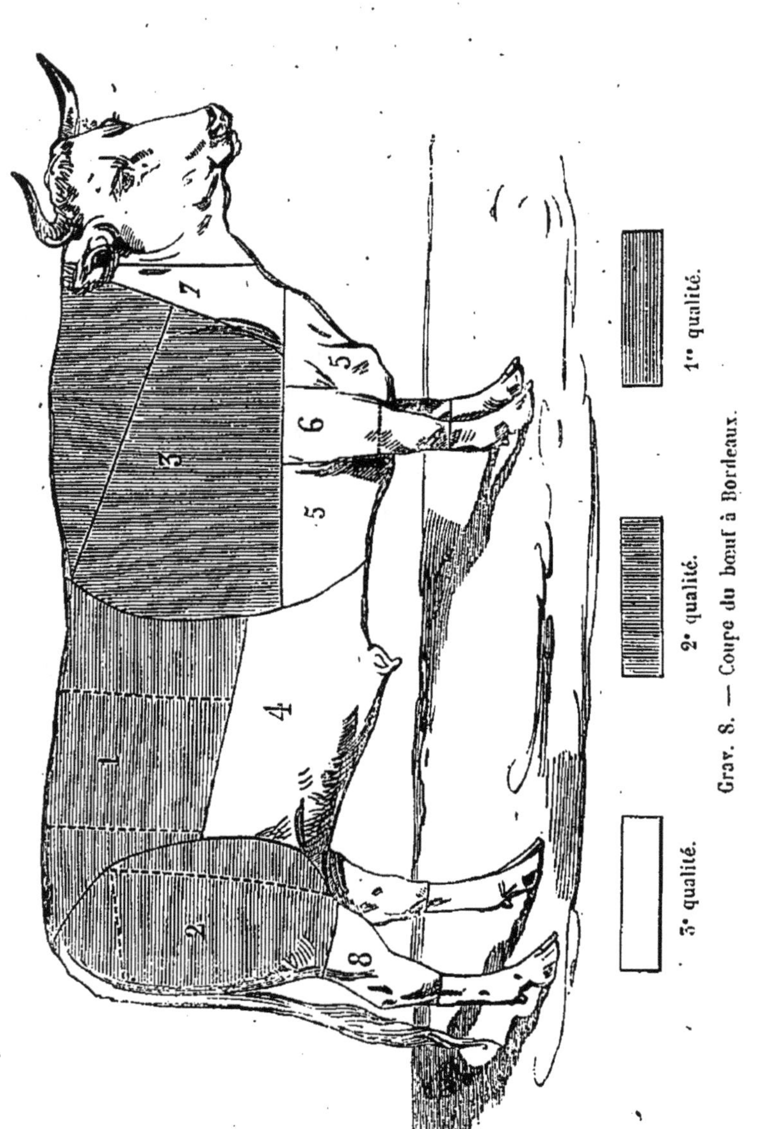

Grav. 8. — Coupe du bœuf à Bordeaux.

NOMS DES MORCEAUX	PRIX DU KILOGR. DE CHAQUE MORCEAU	POIDS DE CHAQUE MORCEAU POUR UN BŒUF GRAS DE FLANDRE DU POIDS DE 458 KIL. CHAIR NETTE		PROPORTION DES MORCEAUX AU POIDS SUR 100 KILOGRAMMES DE CHAIR NETTE	
PREMIÈRE QUALITÉ	fr. c.	kil.	kil.		
1 Filet (part. intér.).	2.80	6.8	. . . .	1.5 %	
2 Culotte.	1.40	32	. . . .	7	
3 Côtes.	1.40	35	. . . .	7.5	
4 Aloyau.	1.40 à 1.80	28.2	. . . .	6	
5 Tende de tranche, dite nœud du roi et pièce ronde. .	1.30 à 1.40	16	. . . .	3.5	
6 Tranche grasse, dite bran et dessous de culotte.	1.30 à 1.40	26	. . . .	6	
Total de la 1re qual.	. . . . .	. . . .	144	. . . .	31.5 %
DEUXIÈME QUALITÉ					
7 Surlonges, dites côtes ou croquard et découvertes.. . .	1.20 à 1.30	42.6	. . . .	9.3 %	
8 Raccourcis, épais ou épaisses raccourcissures. . .	1.20 à 1.30	27	. . . .	6	
9 Haut de grasset, dit l'y et y.	1.20 à 1.30	22	. . . .	4.7	
Total de la 2e qual.	. . . . .	. . . .	91.6	. . . .	21 %
TROISIÈME QUALITÉ					
10 Épaule.	1.20	44	. . . .		
11 Plates-côtes, dites minces et moyennes raccourcissures..	1.20	30	. . . .		
12. Flanchets.	1.20	31	. . . .		
13 Pis de bœuf ou poitrine, poitrine ou tendon.	1.10 à 1.20	42.4	. . . .		
14 Collier dit atteinte et découvert. . .	0.80	24	. . . .		
15 Trumeau (jarr. de der.	0.80	30	. . . .		
ou Gîte (jarr. de dev.	0.80	21	. . . .		
Total de la 3e qual.	. . . . .	. . . .	222.4	. . . .	48.5 %
Total des trois qual.	. . . . .	. . . .	458	. . . .	100 %

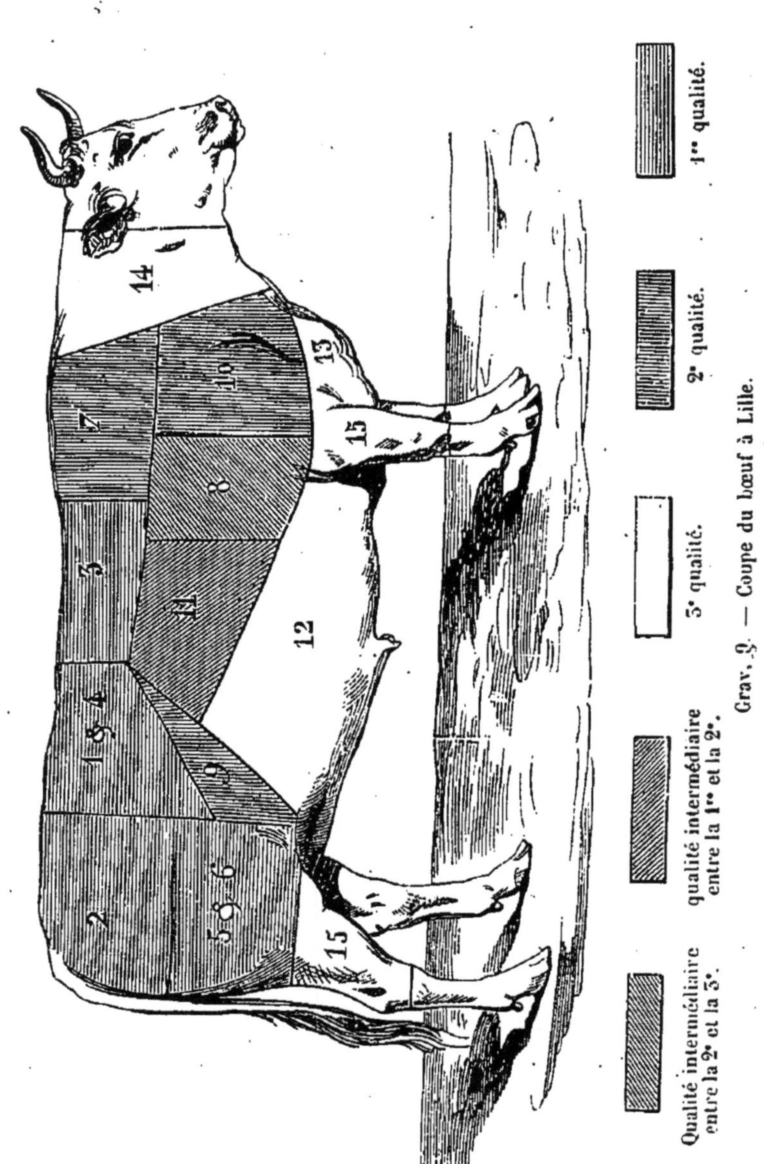

Grav. 9. — Coupe du bœuf à Lille.

COUPE DU BŒUF A NIMES, GRAV. 10.

<table>
<tr><td colspan="2" align="center">NOMS DES MORCEAUX.</td></tr>
<tr>
<td>

PREMIÈRE QUALITÉ.

1 Fausses côtes, Filet et Aloyau.
2 Cuisse.

DEUXIÈME QUALITÉ.

4 Poitrine.
9 Côtes basses.
10 Côtes couvertes.

</td>
<td>

6 Grumeau.
7 Épaule.

TROISIÈME QUALITÉ.

8 Collet.
5 Peau de flanc.
3 Muscles du ventre.

</td>
</tr>
</table>

Nota. Quartiers de derrière, trois morceaux : nos 1, 2, 3,
quartiers de devant, sept morceaux : nos 4, 5, 6, 7, 8, 9, 10.

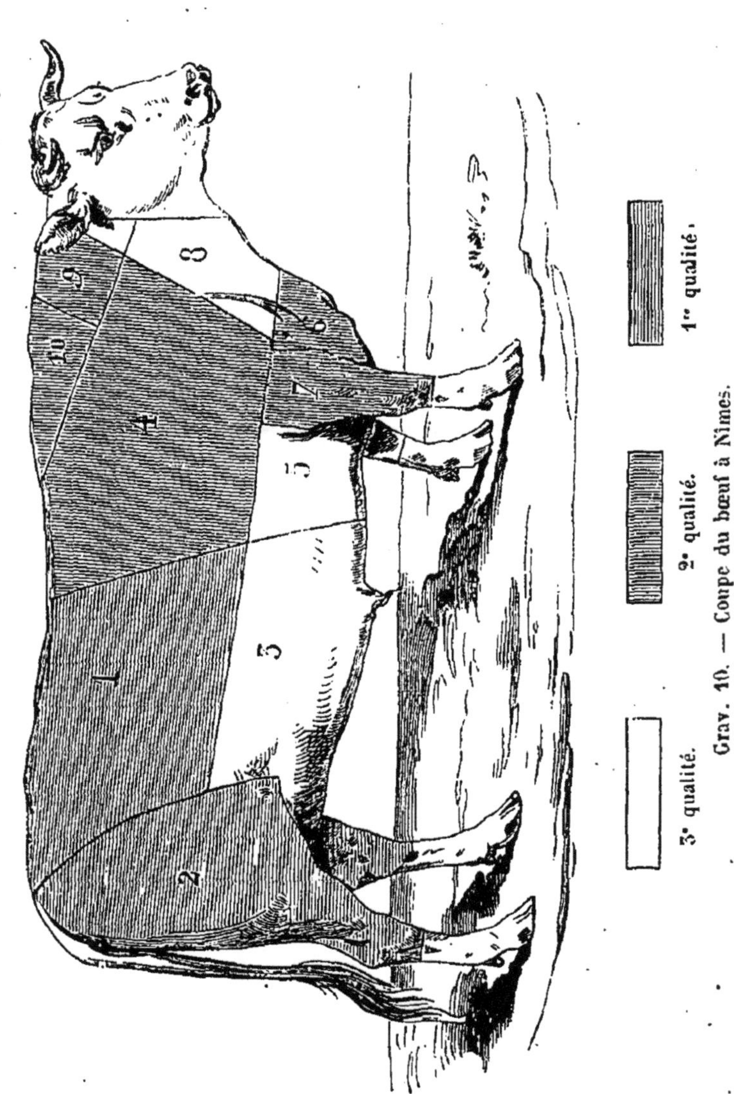

Grav. 10. — Coupe du bœuf à Nimes.

COUPE DU BŒUF A NANTES, GRAV. 11.

NOMS DES MORCEAUX	PRIX DU KILOGR.	POIDS PRÉSUMÉ DE CHAQUE MORCEAU.		VALEUR DU MORCEAU.	RENDEMENT DES TROIS QUALITÉS.
	f. c.	kil.	kil.	f. c.	kil.
PREMIÈRE QUALITÉ.					
1 Aloyau, filet intérieur.	1 »	30	. . . . .	30 »	
2 Bœuf de queue, ou culotte.	0.'0	56	. . . . .	52.40	
3 Côtes couvertes. . . .	0.90	30	. . . . .	27 »	
4 As de pique.	1 »	4	. . . . .	4 »	
5 Noix de bœuf grasse .	0.90	18	. . . . .	16.20	
Total de la 1re qualité	. . . . .	. . . .	118	. . . . .	109.60
DEUXIÈME QUALITÉ.					
6 Talon de bœuf. . . .	0.85	14	. . . . .	11.50	
7 Basses côtes, partie d'épaule comprise. .	0.85	35	. . . . .	29.76	
8 Poitrine de bœuf, ou milieu de poitrine. .	0.80	24	. . . . .	19.20	
Total de la 2e qualité	. . . . .	. . . .	75	. . . .	60.95
TROISIÈME QUALITÉ.					
9 Devant de poitrine, gros bout ou moucheron	0.80	54	. . .	27.20	
10 Basse poitrine, fuseau ou bréchet.	0 80	30	. . . .	24 »	
11 Flanc, ou la longère. .	0.80	20	. . . .	16 »	
12 Collet.	0.69	21	. . .	12.60	
13 Mâchoire, langue comprise..	0 60	4	. . .	2 46	
14 Trumeaux de jambes .	0.60	40	: . . .	24 »	
Total de la 3e qualité.	. . . .	1 9	. . . .	106.20	
Produits des totaux .	. . . .	540	. . . .	276.26	

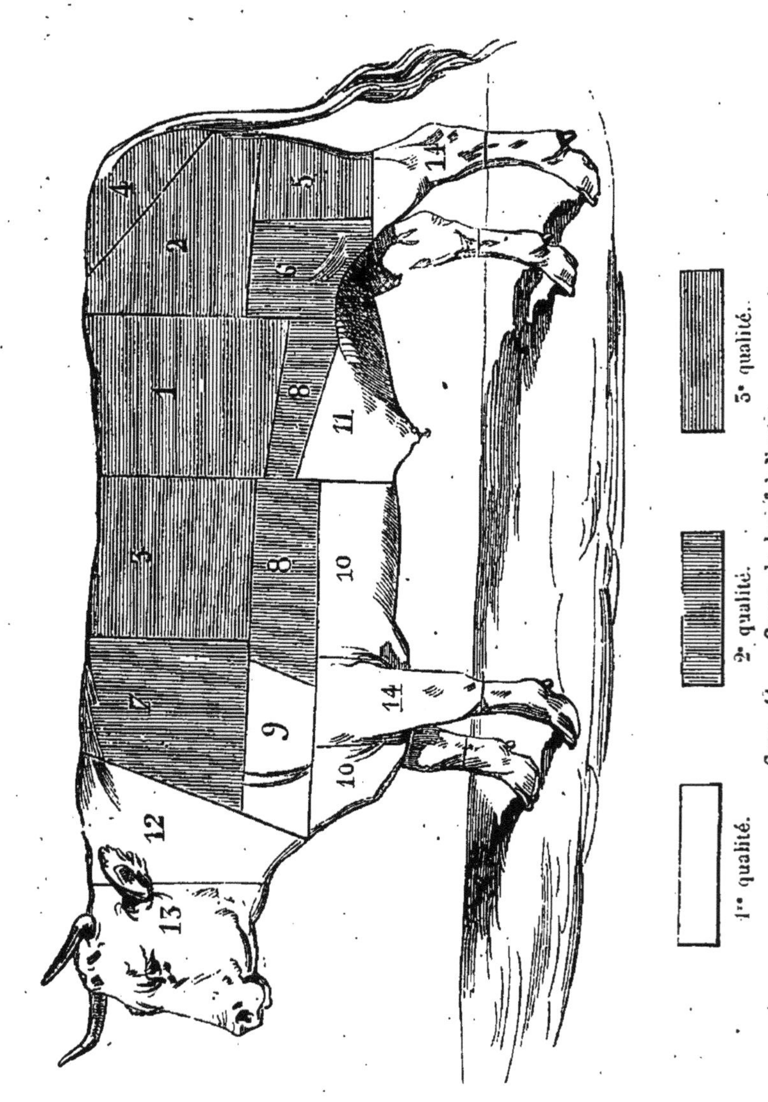
4
5
2
6
1
8
3
8
11
10
7
9
10
14
12
13
15
16
17
1re qualité.
2e qualité.
3e qualité.
Grav. 11. -- Coupe du bœuf à Nantes.

COUPE DU BŒUF A LONDRES, GRAV. 12.

NOMS DES MORCEAUX.	PRIX de la livre anglaise de 345 gram. exprimé en pence da 10 cent.	POIDS DE CHAQUE MORCEAU POUR UN BŒUF COURTES-CORNES DE L'AGE DE 4 ANS ET DE QUALITÉ ORDINAIRE PESANT 1,052 LIV. ANGL. OU 467 KIL. 496 GR. CHAIR NETTE.	
	pences.	liv. angl.	liv. angl.
PREMIÈRE QUALITÉ.			
1 Sirloin (aloyau, filet)	7	144	
2 Rump (culotte.)	8	72	
5 Ditchbhone (pointe de culotte).	6 1/2	52	
4 Buttock (gîte à la noix)	6 1/2	112	
10 Fore ribs	7	112	
Total de la 1re qualité			472
DEUXIÈME QUALITÉ.			
6 Veiny piece (tende de tranche)	5 à 6	56	
7 Thick-flank (tranche grasse)	5 à 6	56	
5 Mouse buttorck (pointe de gîte à la noix)	5 à 5 1/2	24	
11 Middle-ribs (4 côtes moyennes)	5	120	
13 Shoulder (paleron, partie extér.)	5	48	
Total de la 2e qualité			248
TROISIÈME QUALITÉ.			
8 Thin flank (pis de bœuf)	4 à 5	72	
12 Chuck (3 côtes antérieures, partie interne, sous le palèron)	4 à 5	44	
14 Bris-ket (pis de bœuf)	3 3/4 à 4 1/2	64	
QUATRIÈME QUALITÉ			
15 Clod (pis de bœuf)	3	40	
16 Neck (Collier)	2	48	
9 et 17 Leg, shin (gîtes de derrière et de devant)	2	44	
18 Cheek (joue)	»	»	
Total des 3e et 4e qualités.			312
Total général			1 052 ou 467k 496gr

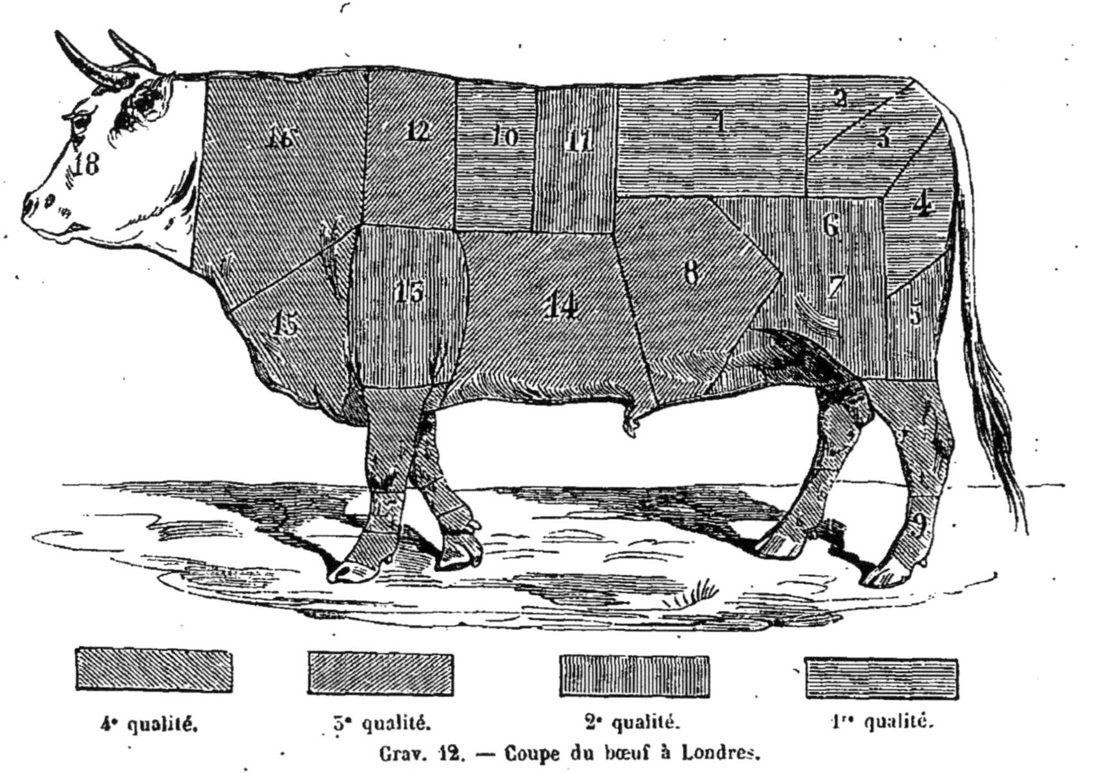

Grav. 12. — Coupe du bœuf à Londres.

L'on voit, par ces tableaux, que la viande de première qualité est fournie par les parties postérieures du corps; la viande de deuxième qualité, par les parties antéro-supérieures; et enfin celle de troisième qualité, par la tête, l'encolure, le poitrail, une partie du ventre et les membres.

Le rapport qui existe entre ces catégories doit nécessairement varier avec la conformation. Pour s'en convaincre, il suffit de jeter un coup d'œil sur les comptes rendus de l'administration de l'agriculture; quelques exemples pris au hasard serviront à le démontrer.

RACES.	TOTAL DE VIANDE NETTE.	PREMIÈRE QUALITÉ	
		TOTAL.	POUR %
	kil.	kil.	kil.
Salers.	656.820	240.200	36.57
Garonnaise. . . .	725	156	21.52
Agenaise.	897	240	26.75
Charolaise.. . . .	513	161	31.38
Durham-charolaise	441	126	28.57
Durham.	612	228	37.25

CHAPITRE VIII

MALADIES

Les bœufs préparés pour la boucherie sont exposés aux atteintes de toutes les maladies qui peuvent se développer sur l'espèce. en est cependant auxquelles ils sont plus particulièrement prédisposés, ou dont l'apparition a pour eux des conséquences plus graves en raison du but économique poursuivi. Ainsi telles maladies, comme l'esquinancie, par exemple, l'inflammation intestinale, le rhumatisme articulaire, etc., peu graves par elles-mêmes, et pouvant être traitées avec avantage chez le bœuf de travail, présentent des inconvénients sérieux chez la bête d'engrais. Les souffrances qu'elles causent, la nécessité d'une diète plus ou moins sévère, font diminuer de poids les bêtes de boucherie, et, pour peu qu'elles se prolongent, elles peuvent rendre les avantages de la guérison tout à fait illusoires. Dans la plupart des cas, il vaut mieux livrer à la boucherie les animaux atteints de l'une de ces maladies, lorsqu'elle n'est pas nuisible aux qualités de la viande, que de s'exposer à une perte certaine en la traitant, même avec la certitude de la guérir.

Nous n'avons pas le dessein de présenter une description, même sommaire, de toutes les affections auxquelles les bêtes qu'on engraisse sont prédisposées par la nature de leur régime. Cette étude serait encore longue et difficile. Elle serait, dans tous les cas, sans portée, parce que les développements dans lesquels nous serions obligés d'entrer ne seraient compris que par le petit nombre, et que les considérations relatives au traitement, mal interprétées, par suite du défaut de connaissance spéciale, seraient souvent plus nuisibles qu'utiles, entre des mains inhabiles. Notre désir est de signaler seulement quelques accidents, quelques maladies peu graves ou d'une invasion rapide, de faire connaître les signes principaux à l'aide desquels les cultivateurs eux-mêmes pourront les reconnaître, et les moyens de traitement qui leur permettront de donner les premiers soins.

1. — Indigestion.

Causes. — Cette indisposition se montre plus communément sur les animaux qu'on pousse fortement en nourriture; lorsque celle-ci se compose d'aliments trop secs, d'herbes vertes, mouillées ou en fermentation; chez ceux qu'on fait passer trop brusquement de la nourriture verte à la nourriture sèche. Les fourrages mal récoltés, la gloutonnerie de certaines bêtes, qui cherchent à se manger mutuellement leur ration entre voisins, les mauvaises qualités de l'eau qu'on donne pour boisson, les refroidissements, sont également des causes d'indigestion.

Celle-ci peut être consécutive à un état d'irritation de la muqueuse intestinale, ou bien à un état asthénique de cette membrane. Enfin, elle peut être symptomatique, et se lier à des lésions morbides plus ou moins éloignées, qui réagissent sympathiquement sur le tube intestinal.

Symptômes. — Les symptômes qui caractérisent l'indigestion sont l'inappétence, la suspension subite de la rumination, la tristesse, le ballonnement du ventre, la constipation ou la diarrhée. Si elle persiste, l'animal s'agite, le ventre se tend considérablement, surtout du côté gauche, le pouls s'accélère, la face se grippe, la respiration devient difficile, et la suffocation peut paraître imminente.

Le trouble de la digestion est dû, le plus souvent, à l'accumulation d'une trop grande quantité d'aliments dans l'un ou l'autre des réservoirs de l'estomac. Cette surcharge alimentaire s'accompagne toujours d'un dégagement de gaz, qui distendent les parois du ventre, et qui lui ont fait donner le nom de météorisation. Il peut arriver cependant que certains aliments verts, particulièrement la luzerne et le trèfle, ingérés en quantité modérée, fassent dégager beaucoup de gaz. Le ventre résonne alors comme un tambour par la percussion ; des borborygmes, c'est-à-dire des bruits particuliers, se font entendre dans son intérieur. L'indigestion est dans ce cas désignée plus particulièrement sous le nom de tympanite. Des plantes âcres ou vénéneuses mêlées aux aliments peuvent aussi la faire développer, telles sont : le colchique, la renoncule, la tithymale, etc.

Traitement. — Au début de la maladie, quelques soins suffisent souvent pour la faire avorter. Dès qu'on s'aperçoit de son existence, on promène l'animal au petit pas, en ayant le soin de passer dans sa bouche un lien de paille dont les extrémités sont liées derrière les oreilles. On le bouchonne fortement pour activer la circulation capillaire. Par ces seules précautions il arrive souvent que la bête commence à fienter et à uriner.

Lorsque ce résultat n'est pas obtenu, il faut administrer, à une demi-heure d'intervalle l'une de l'autre, trois ou quatre doses d'une forte décoction de café, un demi-litre chaque fois. Ou bien l'on fait dissoudre deux poignées de sel marin dans de l'eau qu'on fait avaler au sujet.

Si le ventre est fortement distendu, on donne de l'eau de chaux, dans la proportion de trente grammes de chaux sur deux litres d'eau ; ou bien de l'alcali volatil à la dose de quinze grammes dans deux litres d'eau. Ces substances opèrent la condensation des gaz contenus dans l'intestin, par leur action chimique sur l'acide carbonique dont ils se composent en grande partie.

Ponction du rumen. — Si ces moyens ne suffisent pas, si la res-

piration devient anxieuse, bruyante, s'il y a péril de suffocation, il
faut recourir tout de suite à une opération chirurgicale qui consiste à faire dégager les gaz par une ouverture pratiquée au niveau du flanc gauche. A cet effet on perce la peau, les muscles
sous-jacents et les parois du rumen, dans un point qui se trouve
à égale distance des côtes, de la hanche et des vertèbres lombaires,
c'est-à-dire au milieu du flanc, au moyen d'un trois quarts ordinaire, de la grosseur du petit doigt. Aussitôt que la ponction
est faite, on retire le poinçon, et on laisse en place la canule, par
laquelle les gaz s'échappent avec impetuosité. A défaut de cet instrument, on fait une petite incision avec un bistouri ou un cou-
teau pointu, et l'on tient les bords de la plaie écartés, soit avec les
doigts, soit avec une pince à ressort engagée dans la solution de continuité.

Incision du rumen. — Lorsque la tympanite est compliquée d'une
forte surcharge alimentaire, la ponction ne produit pas toujours des
effets salutaires. Le sujet continue à se tourmenter, à souffrir, à présenter tous les signes d'une indigestion grave. Il faut alors faire dans
le flanc une incision de huit à dix centimètres de long, de manière
à pouvoir y passer la main, ou un instrument approprié, pour en retirer les aliments qui remplissent le rumen. Cette dernière opération est plus grave que la première. Elle exige la présence du vétérinaire. Mais, à défaut, les propriétaires eux-mêmes peuvent la pratiquer lorsqu'elle se présente comme dernière chance de salut. Les
bords de la plaie qui en résulte seront réunis par des points de
suture et tenus proprement.

Indigestion causée par des aliments trop secs. — Une autre variété d'indigestion se présente à la suite de l'usage d'aliments
trop secs, de fourrages poudreux, moisis. Elle a ordinairement
son siége dans le feuillet. Le malade n'est pas météorisé, ou ne
l'est que très-peu, et il offre cependant tous les signes d'une affection grave. Il y a fièvre, coliques, constipation, etc. Le meilleur
remède que nous connaissions dans ce cas consiste à faire dissoudre
un demi-kilogramme de sulfate de soude dans cinq litres d'infusion de camomille; on donne un litre de cette solution toutes les
heures. On aide à l'action du sulfate de soude par des lavements
émollients. Quelquefois il peut être utile de pratiquer une saignée.

D'autres moyens de traitement ont été préconisés pour com-
battre les diverses formes de l'indigestion. Si nous voulions nous y
arrêter, nous serions forcés d'entrer dans des développements qui
nous éloigneraient de notre but.

2. — Pléthore.

Symptômes. — La pléthore n'est pas une maladie; c'est un état physiologique de l'organisme résultant d'une surabondance de sang, due à un excès de nourriture. Elle est caractérisée par la pesanteur de la tête, la rougeur des muqueuses, le gonflement des veines, la force du pouls et des battements du cœur.

Les animaux pléthoriques sont prédisposés aux maladies inflammatoires, dont l'une ou l'autre ne tarde pas à se développer, si les causes de la pléthore continuent d'agir. C'est chez les bêtes trop fortement nourries que l'on remarque le plus fréquemment des inflammations des viscères internes, du poumon, du foie, des membranes séreuses, des intestins, du cerveau, etc..

Traitement. — On y remédie par la diéte, l'exercice, les sueurs, le sel de nitre donné à la dose de vingt grammes par jour, et enfin la saignée, si l'on redoute l'invasion d'une maladie inflammatoire.

Maladies inflammatoires. — Lorsque la pléthore, ou toute autre cause, a déjà produit des congestions locales internes, on s'aperçoit de leur existence à la tristesse de l'animal. Les yeux deviennent sombres, éteints, ou étincelants; l'appétit est diminué, la rumination suspendue; les oreilles et les cornes sont froides ou chaudes, ou présentent alternativement ces deux états; le mufle, la bouche, sont secs et chauds. Les lèvres, les conjonctives, la face interne des oreilles présentent une couleur rouge jaunâtre. Les bêtes mugissent quelquefois, sont agitées, éprouvent des frissons. Les urines sont rares, leur expulsion exige des efforts; les excréments sont durs ou fluides, de couleur anomale, et quelquefois mêlés de sang. Le flanc est agité, l'air expiré chaud; les poils sont ternes, sombres, piqués. La peau est sèche, aride, adhérente aux parties sous-jacentes, etc.

Lorsque l'engraisseur reconnaîtra quelques-uns de ces signes, il devra s'empresser d'appliquer lui-même les premiers remèdes appropriés à toutes les inflammations aïguës, en attendant que l'homme de l'art appelé ait reconnu l'espèce de la maladie et formulé les indications spéciales qu'elle réclame. Il devra d'abord mettre les animaux à la diète; leur donner de l'eau blanche, nitrée ou acidulée, le petit-lait en boisson, des décoctions de racines de guimauve, de fleurs d'altéa, de graines de lin, des lavements adoucissants, et enfin pratiquer une saignée.

La saignée est d'un précieux secours pour faire avorter les maladies inflammatoires qui menacent de se déclarer, ou qui le sont déjà. Mais il importe de la faire à propos. Une erreur sur ce point pourrait être funeste. On reconnaît qu'elle est indiquée aux signes que nous avons déjà énumérés, mais surtout à la rougeur des muqueuses, la chaleur de la peau, la plénitude, la fréquence, la dureté du pouls, et la force des pulsations du cœur.

FIÈVRES PERNICIEUSES. — Il existe un groupe de maladies qui ont des traits de ressemblance avec les affections franchement inflammatoires, et qu'il ne faut pas cependant confondre avec elles, parce qu'elles exigent un traitement tout à fait différent. Ce sont les fièvres à caractères typhoïde, ataxique, pernicieux. Comme les inflammations franches, elles présentent un trouble de la circulation, la chaleur de la peau, la soif, etc.; mais elles s'en distinguent par des caractères particuliers. Le pouls, quoique rapide, est mou et déprimé; les battements du cœur sont faibles, irréguliers, intermittents. Les forces s'affaiblissent. On remarque des accès pyrexitiques plus ou moins prononcés. Des pétéchies se montrent quelquefois. Comme leur influence s'exerce sur les centres nerveux, et qu'elles ont pour effet d'affaiblir les forces, une saignée irait souvent à l'encontre du but que l'on se propose. Il faut recourir aux lumières du vétérinaire pour décider cette question; toutefois, s'il n'y en a pas sur les lieux, on pourra administrer tout d'abord quelques breuvages antispasmodiques et cordiaux : tels que les infusions de fleurs de tilleul, de feuilles d'oranger, de camomille, de fleurs de sureau.

COURBATURE. — Il est une indisposition qui se montre fréquemment chez les bêtes pleinement nourries, ou qui sont sous l'influence d'un arrêt de transpiration. C'est un état intermédiaire entre la pléthore qui ne trouble pas encore les fonctions, et la maladie proprement dite, caractérisée par une entité morbide. Elle se traduit par un malaise général, des tremblements, l'accélération du pouls et de la respiration, l'endolorissement des membres, ce que l'animal exprime en changeant de place, en fléchissant tantôt un membre, tantôt un autre, pour le soustraire à l'appui. On désigne cette indisposition par le nom de courbature. Elle est souvent peu grave et disparaît d'elle-même sans traitement. Mais quelquefois aussi elle n'est que l'avant-coureur, le prodrome d'une maladie proprement dite. On la combat par des frictions sèches, des breuvages sudorifiques de tilleul de bourrache, de camomille, du vin, ou de l'eau-de-vie étendue. On bouchonne le corps avec un bouchon trempé dans de l'eau sinapisée, c'est-à-dire dans laquelle on a mis une ou deux poignées de farine de moutarde. On la couvre avec plusieurs couvertures de laine pour

provoquer une abondante sueur. Le malade doit être rétabli en peu
de temps. Si les premiers symptômes persistent, s'ils changent de
nature, c'est une preuve qu'il existe une inflammation localisée,
dont il faut rechercher la nature et traiter en conséquence.

3. — Apoplexie.

Il est des maladies très-graves, dont l'attaque est si brusque, si
imprévue, qu'il n'est pas possible d'aller chercher du secours. Il
faut y remédier soi-même le plus promptement possible; telle est
l'apoplexie ou coup de sang. On désigne ainsi une congestion rapide
du cerveau, ou une hémorrhagie de cet organe, qui met promptement la vie en danger. On donne le même nom aux congestions
actives, soudaines, du poumon, du foie, de la rate, des intestins,
qui amènent la suffocation et la mort dans l'espace de quelques
instants, et tout au plus de quelques heures.

L'on comprend que les animaux fortement nourris, comme le sont
les bêtes d'engrais, chez lesquelles l'accumulation de la graisse dans
toutes les parties s'oppose à la libre circulation du sang, sont plus
particulièrement exposés à cette affection. Elle se déclare surtout
chez les bêtes grasses, que l'on force à voyager, à parcourir de
grandes distances, sur des chemins difficiles, pendant les chaleurs
de l'été.

Symptômes. — Les animaux atteints d'apoplexie sont frappés de
stupeur; ils sont engourdis, se meuvent difficilement, tombent tout
à coup et restent immobiles. La vie ne se traduit que par les battements du flanc. La peau se couvre de sueur; les yeux sont fixes et
proéminents; les paupières sont immobiles et entr'ouvertes; la pu-
pille est dilatée; la vue est obscurcie, la bouche écumeuse, les
membranes muqueuses pâles ou rouge violacé; les jugulaires
sont gonflées, les naseaux dilatés, la respiration courte, lente et
stertoreuse; le pouls est dur, large et vite. Des mouvements convul-
sifs se manifestent de temps à autre aux mâchoires, à l'orifice des
naseaux et aux lèvres.

Traitement. — Ce qu'il y a de mieux à faire dans ce cas est de
pratiquer de copieuses saignées, de verser sur la tête de l'eau
froide, ou encore d'y mettre de la glace, lorsque l'on peut s'en procurer.

Hâtons-nous d'ajouter que le plus souvent tous les soins pro-
digués sont inutiles.

On pourrait sacrifier immédiatement les animaux atteints d'apoplexie pour profiter de la chair. Mais cette pratique présente un danger grave. Il arrive quelquefois, chez les bêtes qui voyagent, qui passent tout à coup d'une nourriture copieuse à un régime de privation, qui sont pressées en route par un toucheur brutal, qui restent des journées entières exposées aux rayons brûlants d'un soleil d'été, et qui par conséquent souffrent beaucoup, que l'apoplexie n'est que la terminaison de la fièvre charbonneuse. Or, l'idée seule d'une confusion possible entre cette affection contagieuse et transmissible à l'homme, et l'apoplexie simple, commande une grande réserve dans l'usage de la viande des bœufs tués en pareille circonstance.

Cependant l'apoplexie ne fait pas toujours invasion d'une manière aussi rapide ; elle est quelquefois précédée de signes avant-coureurs qui éveillent l'attention et permettent de la prévenir. Elle est à craindre toutes les fois qu'on remarque chez un animal quelques-uns des symptômes suivants : tête pesante, portée bas, souvent appuyée dans la mangeoire ; vertiges passagers ; marche lourde, irrégulière, pesante ; affaiblissement de la vue, de l'ouïe ; diminution de l'appétit ; bâillements fréquents, stupidité, assoupissement ; sueur facile, rougeur des conjonctives, chaleur de la bouche, etc.

On fait dans ce cas une ou plusieurs saignées ; on soumet le bœuf à un régime diététique ; on lui donne des boissons blanches rafraîchissantes, acidulées, nitrées ; on le purge légèrement avec des sels alcalins, tels que : le sulfate de soude, le sulfate de magnésie, à la dose de cinq ou six cents grammes, et l'on parvient ainsi à prévenir l'apoplexie.

4. — Coliques.

ENTÉRITE. — On appelle ainsi toute inflammation des viscères abdominaux qui fait éprouver aux animaux de vives douleurs. Nous voulons parler ici surtout de l'entérite suraiguë, qui se développe d'une manière rapide, et qui exige de prompts secours. C'est, à proprement parler, l'apoplexie de l'intestin, qui, comme l'apoplexie cérébrale, se termine souvent par l'hémorrhagie. Aussi les Allemands la désignent de préférence par l'expression de *coup de sang*. Elle est plus rare chez le bœuf que chez le cheval. Cependant elle peut se montrer chez les bêtes fortement nourries, auxquelles on donne, sans mesure, une nourriture trop échauffante, lorsque surtout à cette première cause vient se joindre l'abus des condiments.

SYMPTÔMES. — La bête atteinte de coliques inflammatoires se

montre au début anxieuse, abattue ; elle s'éloigne de la crèche, témoigne d'une soif ardente. Les yeux sont brillants, injectés ; le pouls fréquent, quelquefois déprimé ; les battements du cœur sont accélérés ; la respiration est profonde ; l'animal pousse des gémissements, tremble, gratte des pieds de devant, frappe le sol de ceux de derrière, regarde souvent son ventre, se couche pour se relever aussitôt, etc.

Cette maladie peut durer jusqu'à trois ou quatre jours ; le plus souvent ses progrès sont plus rapides. Elle se termine par la résolution, la gangrène, l'hémorrhagie.

DIAGNOSTIC, TRAITEMENT. — Aux premiers signes de coliques, il faut en rechercher la nature avec le plus grand soin, afin de ne pas confondre l'entérite suraiguë avec l'indigestion. Une fois le diagnostic établi, on doit s'empresser de faire une saignée de deux kilogrammes, que l'on répète deux ou trois fois, si l'état de l'animal l'indique. On administre des lavements émollients de décoction de mauve, de guimauve, de lin, auxquels on ajoute de l'huile. On fait prendre en boisson de la tisane de graines de lin, dans laquelle on met une seule fois quatre ou cinq gouttes de laudanum. On frictionne fortement les lombes avec du vinaigre un peu chaud, et l'on fait des fumigations émollientes sous le ventre avec de l'eau chaude. On peut employer quelquefois avec succès, dès le début, des douches d'eau froide sur les reins, continuées sans interruption pendant plusieurs heures.

Si la maladie se prolonge, si l'animal se tourmente beaucoup, il faut faire prendre un gros de camphre délayé dans un jaune d'œuf.

Lorsque ces premiers soins ne calment pas les douleurs, et qu'il y a lieu de craindre une terminaison fâcheuse, il faut tuer la bête pour profiter de la chair.

INDIGESTION D'EAU. — Cependant les coliques ne sont pas toujours dues à une vive inflammation des intestins. Elles surviennent quelquefois après que l'animal a bu une grande quantité d'eau froide. On conjecture alors que la boisson en est la cause, et l'on désigne vulgairement la maladie sous le nom d'*indigestion d'eau*. On reconnaît ce cas particulier à l'absence des symptômes fébriles. Les muqueuses ne sont pas aussi injectées que dans le cas précédent ; le sujet se couvre de sueur, il tremble dès le début, etc.

Il faut le couvrir, le tenir chaudement, lui donner une infusion de tilleul Ou bien, on lui fait prendre un litre de vin chaud, dans lequel on a mis une pincée de cannelle ou de clous de girofle.

5. — Suffocation par un corps étranger dans le gosier.

Il est un accident qui se produit quelquefois, et qui peut faire périr les animaux par suffocation : c'est l'arrêt dans le gosier ou dans l'œsophage d'un corps étranger, tel que : une pomme de terre, une pomme, une carotte. un navet, un morceau de betterave avalé sans avoir été préalablement mâché.

La cause de cet accident résulte, le plus souvent, de la voracité avec laquelle certains animaux mangent les aliments préférés par eux, lorsqu'ils en ont été privés pendant quelque temps.

« Il arrive fréquemment, dit Villeroy, en automne, que les bêtes, dans les cours des fermes ou dans les champs, échappent à la surveillance des gardiens, et arrivent à un tas de racines, où elles mangent d'autant plus goulument qu'elles savent que c'est pour elles un fruit défendu. On doit alors, non pas les surprendre par des cris ou des coups, mais les chasser avec précaution, pour leur laisser le temps de mâcher ce qu'elles ont dans la bouche. »

Si le corps arrêté n'est pas trop volumineux, si la suffocation n'est pas imminente, on doit laisser agir la bète, qui. par ses efforts, parvient souvent à le rejeter ou le faire descendre dans l'estomac. Mais lorsque le résultat se fait attendre, il faut le faire descendre en enfonçant dans le fond de la bouche et dans l'œsophage une baguette flexible, dont l'extrémité est recouverte de linges, pour éviter les blessures de la muqueuse. Rien n'est mieux approprié à cet usage que la verge desséchée d'un bœuf; ce qu'on appelle nerf de bœuf.

Si la pomme de terre ou le navet se trouvent dans l'œsophage, sur le trajet qui correspond à l'encolure, on peut le briser en le comprimant de chaque côté, au moyen de deux morceaux de bois, ou bien en appuyant d'un côté avec un morceau de bois et en frappant de l'autre avec un maillet.

6. — Hématurie.

Symptômes. — L'hématurie consiste dans l'évacuation par l'urètre de sang pur ou mêlé aux urines. Elle n'est, le plus souvent, qu'un symptôme de plusieurs maladies, dont le propriétaire ne peut lui-même déterminer le siége. Cependant, chez le bœuf, elle prend quelquefois des caractères particuliers et une gravité telle, qu'elle peut produire la mort en vingt-quatre heures. Les symptômes qui l'accompagnent sont : la suspension de la rumination, la soif, les battements du cœur, la diarrhée, la sensibilité de la région lombaire la difficulté d'uriner, l'adhérence de la peau. Si la maladie dure plusieurs jours et doit se terminer par la mort, les malades restent couchés; ils tombent dans un état de faiblesse extrême et périssent.

On observe le plus souvent cette maladie au printemps, lorsque les animaux mangent dehors les jeunes pousses de chêne, de sapin, des plantes âcres mêlées au fourrage, telles que : les renoncules, les colchiques, l'anémone, des cantharides ou autres insectes irritants, que les animaux mangent avec l'herbe.

TRAITEMENT. — Les premiers soins à donner consistent dans l'administration des breuvages émollients de graines de lin. Le petit-lait mêlé à une décoction d'oseille convient, dans ce cas, d'une manière toute particulière.

Nous avons quelquefois employé avec succès la préparation suivante :

Décoction mucilagineuse	1 litre
Jaune d'œuf	1
Ipécacuanha en poudre	3 grammes

On met le tout dans une fiole que l'on agite, et l'on fait prendre au malade.

Lorsqu'on a lieu de soupçonner que l'hématurie est due à l'ingestion de cantharides, on remplace l'ipécacuanha par cinq ou six grammes de camphre.

On fait des fumigations avec de l'eau chaude sous le bassin.

7. — Maladies chroniques.

Il est rare qu'on ait à donner des soins à des bêtes d'engrais à propos de maladies chroniques, c'est-à-dire, à marche lente : 1° parce qu'on a toujours la précaution, quand on achète, de prendre des animaux sains; 2° parce que l'on abat les animaux sur lesquels se développent accidentellement des maladies aiguës avant que celles-ci aient eu le temps de passer à l'état chronique; 3° parce que, pendant la durée de l'engraissement, si l'on s'aperçoit que la nourriture ne profite pas, et qu'on ait lieu de soupçonner l'existence d'une maladie de cette nature, on s'empresse de les vendre, plutôt que de conserver des animaux qui mangent sans donner de produit.

PHTHISIE PULMONAIRE. — Cependant il est une de ces maladies contre laquelle les engraisseurs doivent se mettre en garde, parce qu'elle rentre dans la classe des maladies rédhibitoires, et peut donner lieu à une demande en résiliation de la vente : c'est la phthisie pulmonaire. Au début, elle ne se traduit que par des signes peu saisissables, mais à mesure qu'elle fait des progrès, ces signes deviennent plus marqués.

La prudence exige d'observer attentivement les animaux de l'espèce bovine pendant les huit jours qui suivent celui de la vente. Si l'on remarque une toux petite, avortée, quinteuse ; si la respiration est irrégulière, parfois bruyante ; si surtout la peau est sèche, adhérente ; si, en la plissant, elle crépite comme du parchemin que l'on froisserait entre les doigts ; si, en pinçant la colonne vertébrale, celle-ci fléchit, et si cette action fait pousser un cri plaintif à la bête, il est permis de soupçonner l'existence de la *phthisie pulmonaire* ou *pommelière*. Il faut alors prendre l'avis d'un vétérinaire, et demander au vendeur, s'il y a lieu, la résiliation de la vente.

A propos de cette maladie, on a fait une remarque particulière : on a observé qu'au début les animaux qui en étaient atteints s'engraissaient plus facilement que les autres. C'est un fait qui, dans l'état actuel de la science, s'explique difficilement, mais il existe, et cela suffit pour qu'il faille en tenir compte. Toutefois il ne faut pas perdre de vue que le bénéfice de cette prédisposition se rattache tout à fait au début de la maladie, c'est-à-dire, à l'époque où il n'y a pas encore de désorganisation du poumon, et où l'animal n'est pas encore souffrant. Plus tard les malades ne profitent plus, maigrissent ; l'affection passe à la dernière période, et l'engraissement ne peut plus se faire.

Lorsqu'on se décide à engraisser un bœuf atteint de phthisie commençante, on peut employer avec beaucoup d'avantages le soufre comme condiment, en raison de son action spéciale sur les organes de la poitrine.

8. — Plaies.

Les bêtes grasses sont moins exposées aux blessures que les autres, à cause de leurs habitudes plus paisibles ; mais en revanche les contusions, les plaies, les solutions de continuité sont, chez elles, beaucoup plus graves. La présence de la graisse dans toutes les parties, qui diminue la vitalité des tissus, nuit à leur cicatrisation. Elles prennent facilement un mauvais aspect, et passent à la gangrène. Il arrive souvent que les bêtes grasses, obligées de parcourir de grandes distances, se font aux pieds des blessures qui leur occasionnent beaucoup de souffrances et les font diminuer de poids.

Le traitement à employer contre les accidents de cette nature consiste en des compresses imbibées d'eau dans laquelle on a versé quatre ou cinq gouttes de teinture d'arnica. Si la plaie ou la contusion existe sur un point où l'on ne puisse faire tenir un pansement, on se contente de lotionner la partie, avec la même préparation, le plus souvent possible. Ce remède produit surtout des effets remarquables lorsqu'il est appliqué immédiatement après l'accident; il prévient le développement de l'inflammation locale et fait cicatriser les plaies avant que la suppuration soit établie.

Lorsque la plaie est déjà suppurante, les pansements avec la teinture d'aloès sont préférables.

Enfin, lorsque les plaies sont gangréneuses, il faut les nettoyer, les déterger avec de l'eau de chaux. Un remède peu connu, et dont nous nous sommes bien trouvé pour arrêter les effets de la gangrène, consiste à piler dans un mortier des concombres sauvages (le fruit du *momordica elaterium*); on en fait ensuite un cataplasme que l'on applique sur la plaie. Le lendemain, les parties gangrénées se détachent, la plaie prend une belle couleur et tend à la cicatrisation. On a conseillé, il y a quelques années un remède inventé par M. Corne, et qui a fait grand bruit dans les journaux scientifiques. Il consiste dans un mélange de plâtre et de coaltar (goudron) que l'on applique sur les plaies de mauvaise nature et qui a la propriété de les désinfecter.

9. — Maladies épizootiques ou contagieuses.

Fièvre aphtheuse. — Une maladie peut être épizootique, c'est-à-dire sévir sur un grand nombre d'animaux à la fois sans être contagieuse; quelquefois ces deux caractères se trouvent réunis. Pour traiter les unes et les autres, il faut avoir des connaissances médicales étendues, et les propriétaires peuvent rarement se permettre de donner même les premiers soins, si ce n'est de séparer les animaux sains des animaux malades. Cette précaution sera bonne à prendre toutes les fois que plusieurs bêtes se trouveront atteintes du même mal. Il faudra les tenir séparées jusqu'à ce qu'il soit notoirement connu que la maladie régnante n'est pas contagieuse. Cependant nous devons dire quelques mots d'une maladie particulière, contagieuse, qui affecte souvent les bêtes grasses, nous voulons parler de la stomacace, ou fièvre aphtheuse.

Elle n'est pas très-grave, en ce sens qu'elle compromet rarement l'existence du sujet, mais elle occasionne un temps d'arrêt fort préjudiciable dans les progrès de l'engraissement.

Certains auteurs nient son caractère contagieux. Il suffit de l'avoir observée quelquefois pour s'en être fait une opinion contraire. Lorsqu'on introduit une bête atteinte de cette maladie dans une bouverie, tous les animaux qui s'y trouvent ne tardent pas à tomber malades, et cela dans un espace de temps très-court.

Cette maladie est caractérisée par la présence d'aphthes dans la bouche, c'est-à-dire de petits boutons qui, une fois crevés, laissent à leur place une érosion, une plaie superficielle très-douloureuse. La bouche est rouge au début, chaude, écumeuse. Il y a état fébrile; les forces diminuent; la bête est triste, ne mange pas ou ne mange que très-difficilement.

Très-souvent la stomacace se complique d'ulcères sous-ongulés; les pieds deviennent très-douloureux; la corne se décolle vers le talon; le sujet reste constamment couché et ne se relève qu'avec peine. Le plus souvent ces symptômes s'affaiblissent peu à peu, l'appétit revient et l'animal guérit du quinzième au vingtième jour. Ce n'est qu'exceptionnellement que la maladie a des suites funestes.

Un grand nombre de traitements ont été préconisés. Les injections astringentes, acidulées, la cautérisation ne font que prolonger le mal; il faut se borner à calmer l'irritation par des injections adoucissantes, détersives. On fait des gargarismes avec du miel délayé dans de l'eau tiède, mieux encore avec de l'eau salée.

Nous employons avec succès depuis quelques années un moyen qui nous a très-bien réussi, et que nous donnons cependant sous toute réserve. Il consiste à prendre un gramme de mercure coulant, à le mettre dans un mortier avec seize grammes de sucre de lait et de triturer le tout pendant un moment et à plusieurs reprises. Le mercure s'incorpore très-bien dans le sucre de lait; de plus il devient soluble. On divise cette préparation en quatre prises dont on administre une le matin, une le soir, et pendant deux jours; après, il faut se contenter de donner des soins de propreté. Le remède agit plusieurs jours et abrége de beaucoup la durée de la maladie.

Charbon.— Lorsque les bœufs sont complétement engraissés et que l'on est obligé de les faire voyager pour les conduire sur les marchés, l'on est souvent forcé de les confier à des gardiens ignorants et brutaux qui les soumettent à des marches forcées, qui les touchent inconsidérément avec l'aiguillon pour accélérer leur marche, qui les laissent exposés à l'ardeur des rayons du soleil. Ces animaux se fatiguent d'autant plus qu'ils ont perdu depuis plus longtemps l'habitude de la marche; leurs pieds se meurtrissent sur les cailloux, deviennent douloureux; quand ils arrivent dans les auberges, les souffrances qu'ils éprouvent les empêchent de manger. Ces causes troublent en eux l'harmonie des fonctions, altèrent leur constitution et les prédisposent à contracter le charbon sporadique, maladie grave qui les fait mourir en quelques instants : les animaux tombent sur la route, se débattent et ne se relèvent plus.

Dans tous les cas, lorsqu'il n'a pas à déplorer des accidents aussi graves, le propriétaire éprouve toujours une perte sensible par suite de la diminution du poids des animaux. Ce n'est pas impunément qu'on laisse souffrir les bêtes grasses; la négligence à leur égard, quand elle ne serait pas condamnée par la morale, devrait être proscrite par l'intérêt.

Pour se faire une idée de la perte qu'éprouve un bœuf une fois sorti de la bouverie, avant d'arriver à l'abattoir, il suffit de savoir que des expériences faites dans ce sens ont permis de constater des diminutions de 14 p. 100 dans l'espace de quinze jours. On cite des bœufs de sept à neuf cents kilogrammes qui ont diminué de quatre-vingt-dix à cent vingt kilogrammes dans l'espace de seize à dix-huit jours.

CHAPITRE IX

CONSIDÉRATIONS RELATIVES A LA RÉGION DU SUD-EST

BÉTAIL DE LA VALLÉE DU RHÔNE. — De Lyon à la Méditerranée s'étend, à l'ouest du Rhône, une vaste contrée, comprenant les anciennes provinces du Dauphiné, du Comtat, de la Provence, qui charme l'œil du voyageur par la variété de ses sites, le contraste de ses accidents topographiques, et dont le sol, couvert d'antiques monuments, réveille partout des souvenirs historiques qui exaltent l'imagination. Examinée à vol d'oiseau et à certaines époques de l'année, on pourrait croire, à l'aspect de ces roches nues qui s'élèvent de toutes parts, de ces plaines brûlées par les ardeurs d'un soleil méridional, à l'absence de ces prairies verdoyantes, de ces plantureuses embouches qui font la richesse de l'agriculture du Nord, à l'irrégularité des assolements, on pourrait croire, dis-je, que cette portion de la France est déshéritée de la nature.

Mais, si l'on y regarde de plus près, on s'aperçoit bientôt que ces rochers cachent des vallées fertiles, où les propriétés, considérablement divisées, forment autant de jardins, où chaque parcelle de terre est conquise à la culture, où les chaumes, brûlés en été, se couvrent de verdure à la première pluie. On y trouve des rivières qui parcourent les plaines, alimentent de nombreux canaux d'irrigation, fécondent des prairies qui fournissent un fourrage d'autant plus nutritif qu'il est venu sous un climat plus chaud. Le mûrier, l'olivier, la vigne, l'amandier, le pêcher, la garance, le chardon, les plantes à parfums, y donnent des produits variés qui sont pour ce pays une source de richesses et qui rendent les agriculteurs plus indifférents à ce qui concerne l'industrie du bétail, parce qu'ils en comprennent moins qu'ailleurs l'importance et la nécessité.

Cependant, entraînés par le mouvement progressif de notre époque, ils s'habituent à considérer l'espèce bovine comme un instrument précieux de fertilisation, et celle-ci, reléguée autrefois dans les montagnes, commence à descendre dans la plaine pour former partout une branche particulière d'industrie appropriée aux conditions culturales de chaque localité.

Dans les départements de l'Isère, des Hautes et Basses-Alpes, elle fournit des élèves et donne du lait; des troupeaux de bœufs utilisent les gazons qui couvrent les montagnes et viennent ajouter à l'effet pittoresque des pentes verdoyantes et des vallons qui les découpent.

Aux environs de Vienne, de la Tour-du-Pin, de Bourgouin, d'anciens marais desséchés, des collines récemment défrichées, des plaines graveleuses soumises à la culture, nourrissent aujourd'hui une population bovine importante.

Jadis chétive et mal conformée, la race du pays se transforme tous les jours. Les cultivateurs ont renoncé à leur ancien système de pâturage sur les landes et les marais pour adopter la dépaissance sur les prairies artificielles et l'entretien à l'étable. Ils ont demandé des reproducteurs aux races du Jura, de la Suisse, du Bugey, qui, croisés avec les races du pays, ont donné des métis forts, trapus, ayant de l'amplitude dans les formes, à cuirs épais, et dont les cornes presque horizontales et la croupe saillante rappellent le voisinage de la race bressane.

Mais si l'Isère emprunte une partie de sa population aux pays qui l'avoisinent, elle alimente à son tour les départements des Alpes. Il y a ainsi un courant d'émigration qui s'étend du nord au sud et pendant lequel les races primitives, après quelques stations et quelques reproductions successives, perdent leur caractère propre ; elles diminuent de taille et de volume à mesure qu'elles descendent, elles s'identifient avec le sol et le climat, et viennent former, dans les environs de Gap, une variété qui a pour caractère une taille petite, un corps trapu, des formes ramassées, ayant la peau assez fine, le poil brun ou jaune, les yeux et le mufle noirs.

Quels que soient ses caractères, le bétail de ces montagnes est rustique, vigoureux et d'un bon rendement. Il fournit du lait excellent dont on fait du fromage, des élèves qui coûtent peu à produire et dont les femelles viennent, à l'âge adulte, peupler les vacheries de nos villes du Midi, où elles ont la réputation de bonnes laitières, et dont les mâles sont engraissés aux pâturages en été, à l'étable en hiver, mais toujours avec un fourrage fin, succulent, aromatisé, qui fait une viande de qualité supérieure. Dans ces contrées, l'art de l'engraissement n'y est pas perfectionné, le foin forme presque toute la nourriture d'engrais. On donne peu ou point de rations supplémentaires, mais les herbes y sont si nourrissantes, qu'elles suffisent seules pour pousser les animaux jusqu'à un état d'embonpoint très-satisfaisant. Vaches et bœufs sont achetés aux foires de Voiron, Saint-André, Saint-Marcelin, Gap, par des marchands de bestiaux qui les conduisent aux marchés d'Aix, où ils sont pris pour les approvisionnements des villes de Marseille et de Toulon.

BÉTAIL DU DÉPARTEMENT DES BASSES-ALPES. — Les montagnes du département des Basses-Alpes, plus dénudées que les autres, offrent une population bovine beaucoup plus restreinte. Les hauts plateaux sont parcourus par de nombreux troupeaux de moutons transhumants qui remontent des plaines de la Crau et de la Camargue pour venir estiver sur les frontières du Piémont. Les effets du déboisement ont produit là des ravages plus considérables qu'ailleurs. La moitié de cette contrée, couverte au nord et à l'est de rochers taillés à pic, d'escarpements dénudés, de pentes arides, n'offre que par intervalles des vallées fertiles que viennent visiter de temps en temps des torrents dévastateurs, et dont les produits suffisent à peine à nourrir les populations qui s'y groupent. Aussi voit-on, chaque année, un grand nombre d'émigrants qui partent de ces lieux pour venir dans la plaine ou dans les villes du Midi offrir leur travail en échange d'une subsistance que leur refuse le sol ingrat de leur pays natal.

On ne peut s'empêcher d'un pénible sentiment de regret quand on songe qu'une administration prévoyante, en favorisant le reboisement, pourrait rendre à ces contrées leur fertilité première et que rien jusqu'ici n'a été fait.

Cependant, au milieu de ces montagnes, il est des pays plus favorisés que les autres. On trouve dans les environs de Seyne, de Guillestre, de Barcelonnette, de riches herbages qui servent à élever un nombre assez considérable de mulets et de bœufs.

Cultures du Sud-Est.— A mesure qu'on descend de ces hauteurs, et qu'on se dirige vers les plaines du Comtat, on trouve d'un côté la vallée de la Durance, qui ressemble à un immense verger, de l'autre des terrains accidentés par des collines complantées de vignes et d'oliviers. Mais les parties les plus fertiles de la région sont celles qui s'étendent de Montélimart à la mer en longeant le Rhône. Ces plaines, formées d'un terrain argilo-calcaire, propre à toutes les cultures, fournissent les produits les plus variés, depuis la garance et le chardon, qui ont enrichi le département de Vaucluse, jusqu'aux arbustes odoriférants dont les délicieux parfums sont, pour les villes du Var, l'objet d'un précieux commerce. Elles sont sillonnées partout de canaux d'irrigation qui viennent corriger le défaut du climat en fournissant aux plantes l'humidité qui leur manque. Ces deux éléments, l'eau et la chaleur, lorsqu'ils se trouvent réunis, produisent des merveilles de végétation et permettent d'établir des prairies artificielles et naturelles qui donnent des coupes abondantes et plus nombreuses que dans le Nord. Ajoutons à cela que ces prairies fournissent un fourrage qui, venu sur un terrain calcaire et sous un climat chaud, est plus nutritif, plus excitant et qui, à poids égal, donne plus de produits que celui des contrées septentrionales.

Après l'introduction de la garance par Althen, les cultivateurs donnèrent tous leurs soins à la culture de cette plante, qui fut pendant longtemps une source de richesses pour le pays. Mais comme toute culture industrielle dont on abuse, son retour trop fréquent sur le même sol a fini par l'appauvrir. Cette circonstance, jointe à la diminution des prix offerts par le commerce, ayant rendu cette récolte beaucoup moins lucrative qu'autrefois, ils ont compris que pour rendre à la terre sa fertilité première il fallait modifier l'assolement, faire revenir la garance moins souvent sur le même sol, produire plus d'engrais et associer la culture fourragère à la culture industrielle.

Pour favoriser cette tendance, des marchés aux bestiaux ont été créés à Avignon par les soins de l'administration municipale, il y a une dizaine d'années. Les agriculteurs de Vaucluse et des Bouches-du-Rhône viennent y acheter en automne des bœufs que le commerce y amène de l'Auvergne, du Dauphiné, du Rouergue, du Limousin, etc. Ils les engraissent par le régime de la stabulation permanente, et ils les revendent aux environs de Pâques, après avoir profité de tout l'engrais qu'ils ont pu produire.

Industrie de l'engraissement. — L'industrie de l'engraissement s'est généralisée, dans ces contrées, parce qu'elle répond à un besoin. On pourrait citer tels villages où, il y a une dizaine d'années, on n'aurait pu trouver une seule paire de bœufs, qui en nourrissent aujourd'hui plus de cent paires chaque hiver.

La cherté du foin fait qu'on utilise comme aliment tout ce qui a quelque valeur nutritive. Quelquefois l'on emploie des balles de graminées, des fanes de garance, des tiges de sorgho, des feuilles de mûrier desséchées. Ces substances sont données avec profit au début de l'engraissement. Le plus souvent l'on fait fouler par les chevaux, sur l'aire à dépiquer le blé, ou l'on passe au rouleau, un mélange composé de luzerne, de sainfoin, de trèfle, de fanes de garance. Les feuilles de ces plantes se détachent, leurs tiges se brisent et forment un poussier d'une mastication facile et très-nutritif. On refait les bœufs avec cet aliment auquel on associe plus tard des pommes de terre, des betteraves cuites. L'on écrase les racines dans une cornue, on les mélange avec la ration de poussier que l'on destine aux animaux; on arrose le tout avec de l'eau bouillante qui tient en suspension des tourteaux écrasés; l'on fait ainsi une soupe très-alibile qui pousse rapidement à la graisse. Il est utile de supprimer les tourteaux quelque temps avant de livrer les bœufs à la boucherie, parce qu'ils ont le défaut de donner un goût désagréable à la viande. Nous voulons parler des tourteaux de colza; les tourteaux de lin ne présentent pas le même inconvénient, mais ils se vendent très-cher dans nos contrées. Nous pensons qu'ils pourraient être remplacés avantageusement par la graine de lin, qui, malgré son prix élevé, est encore d'un usage économique en raison de sa richesse en corps gras.

Dans le Midi, on emploie comme nourriture d'engrais le marc de raisin, qui favorise d'une manière toute particulière l'engraissement par la quantité d'alcool qu'il contient. On le conserve assez longtemps, soit dans les cuves, soit dans des silos, soit en le mettant en tas que l'on recouvre avec de la terre et que l'on tasse fortement pour le préserver du contact de l'air.

Vers la fin de l'opération, et surtout lorsqu'on veut pousser les animaux à la haute graisse, on donne les farineux, c'est-à-dire du maïs, de l'orge, des féveroles, des pois, etc., suivant le prix de chacune de ces denrées.

On fait ainsi des bêtes grasses qui ne laissent rien à désirer et qui seraient de nature à modifier les opinions des agronomes du Nord à l'égard de l'agriculture méridionale. Chaque année, les meilleurs sujets viennent figurer au concours d'animaux de boucheries, institué à Avignon depuis quelques années à peine, et qui témoigne des progrès de la production. En 1862, on y comptait quatre-vingts bêtes d'élite.

Cette tendance à faire reposer l'agriculture sur l'industrie du bétail se manifeste non-seulement dans Vaucluse, mais aussi dans les Bouches-du-Rhône. Les résultats obtenus plaident éloquemment en faveur des premiers essais, s'il faut en juger par les tableaux de rendement des animaux primés qui ont été recueillis à l'abattoir d'Avignon. La moyenne de ces rendements n'est pas au-dessous de celle que donnent les animaux exposés aux grands concours régionaux.

CONCOURS DE BESTIAUX GRAS D'AVIGNON. 1861.

ESPÈCE BOVINE

N° D'ORDRE	CATÉGORIE	AGE	RACE OU PROVENANCE	POIDS VIF	QUATRE QUARTIERS	SUIF	ISSUES	PEAU	RAPPORT DU POIDS BRUT au poids de viande	OBSERVATIONS
5	3ᵐᵉ	5 ans	Aubrac.	1495	930	84	411	92	61.540	
5	»	»	»	819	501	38	252	47	61.172	Conserva-
»	»	»	»	745	468	42	191	41	62.819	tion de la
										viande,
9	2ᵐᵉ	7 ans	»	1377	812	78	401	86	50	8 jours 1/2

1862

N° D'ORDRE	CATÉGORIE	AGE	RACE OU PROVENANCE	POIDS VIF	QUATRE QUARTIERS	SUIF	ISSUES	PEAU	RAPPORT DU POIDS BRUT au poids de viande	OBSERVATIONS
2	1ʳᵉ	4 ans	Dauphinoise	650	427	46	144	33	65.1	Conserva-
										tion :
1	1ʳᵉ	3 ans	Auvergne	530	323	45	128	36	61.	10 jours.
»	1ʳᵉ	4 ans	Limousin	558	332	45	555	28	59.	
9	2ᵐᵉ	6 ans	Aubrac	758	449	149	214	46	56.	
10	2ᵐᵉ	6 ans	id.	802	484	54	217	47	60.	
»	3ᵐᵉ	7 ans	Limousin	601	382	49	167	45	58.	
»	»	7 ans	id.	639	406	53	156	44	62.	
»	»	7 ans	id.	657	413	47	158	39	66.	
»	»	7 ans	id.	721	393	48	246	34	54.	

1863

N° D'ORDRE	CATÉGORIE	AGE	RACE OU PROVENANCE	POIDS VIF	QUATRE QUARTIERS	SUIF	ISSUES	PEAU	RAPPORT DU POIDS BRUF au poids de viande	OBSERVATIONS
3ᵐ	7 ans		Auvergne	636	587	56	174	39	63.	La durée de la conser- vation a été de 12 jours. Qualité supérieure, goût excel- lent.
»	6 ans		id.	636	594	55	161	40	63.	
»	6 ans		id.	670	566	58	224	43	63.	
»	7 ans		id.	670	405	57	192	40	63.	
1ʳ	4 ans		Aubrac	550	346	57	120	48	62.	
»	7 ant		id.	680	441	36	160	43	66.	
»	6 ans		id.	680	486	55	114	45	72.	
»	7 à 8		id.	711	376	29	254	48	57.	
»	6 à 8		id.	711	405	57	258	47	62.	
»	5 à 6		id.	758	439	54	195	47	58.	
»	7 à 8		id.	758	395	28	295	42	52.	

Sans doute le mouvement progressif ne s'est pas encore étendu partout, mais il tend chaque jour à se généraliser.

Si la valeur des terres, le mode de culture, la constitution du climat ne permettent pas de créer des pâturages, l'on peut obtenir une multitude d'autres produits qui sont une ressource suffisante pour engraisser à l'étable ; et ici, comme partout, l'on commence à reconnaitre qu'il ne peut y avoir de bonne agriculture sans bétail :
A pecu pecunia.

RACE BOVINE DE LA CAMARGUE. — Au sud-ouest de la région, le Rhône se divise, près de son embouchure, en deux branches qui comprennent entre elles l'ile de la Camargue. Celle-ci est en partie cultivée et en partie couverte de marais au milieu desquels vit en liberté, dans un état demi-sauvage, une race chétive qui rappelle les bœufs des steppes arides de la Russie ou des pampas de l'Amé- rique. Là ces animaux se nourrissent de joncs et de laiches et res- tent exposés toute l'année aux intempéries des saisons ; c'est tout au plus si dans les mauvais jours de l'hiver on leur donne quelques brassées de foin dans les cours des fermes.

Comme les troupeaux appartenant à différents propriétaires se mêlent et vivent en commun, ceux-ci appliquent des marques spéciales aux bêtes qui composent leur cheptel pour les recon- naitre.

A certaines époques de l'année, des gardiens à cheval, armés de piques, les chassent des marais, les réunissent en troupes et les marquent au fer rouge, opération dangereuse qui rappelle les courses de taureaux et que l'on désigne sous le nom de ferrade. Elle exige de la part de ceux qui l'effectuent du courage, beaucoup d'adresse et surtout une grande habitude de ces animaux farouches, qui sont toujours d'un abord difficile et dangereux pour l'homme.

Lorsqu'on veut les prendre pour les livrer à la boucherie, on est également forcé de les traquer pour les faire sortir de leur retraite ; on prend ensuite avec des lacets ceux dont on veut se défaire. La chair de ces animaux est maigre, dure, coriace et peu estimée.

Des fournisseurs viennent les acheter à bas prix pour les approvisionnements de la marine. Mais comme leur nourriture ne coûte rien, ils rapportent encore à leur propriétaire un bénéfice net qui n'est pas à dédaigner et qui permet de tirer profit de plantes grossières, peu nutritives, venues sans frais de culture au milieu des marais, et qui n'auraient pu être utilisées sans cela.

M. Sabatier d'Espeyran, agronome distingué du Gard, a croisé la race camargue avec le taureau durham. Nous nous sommes demandé quelle était, dans ce cas, l'amélioration poursuivie. Ou la race camargue a sa raison d'être dans le milieu où elle se trouve placée, et, le milieu restant le même, ce serait une folie que de vouloir la modifier par des croisements aussi peu appropriés. Ou bien on se propose de la déplacer, pour la soumettre aux conditions ordinaires, c'est-à-dire, pour la faire vivre à l'étable, ou sur de bons pâturages ; dans ce cas, il y a tout avantage à s'adresser à une race autre que la camargue pour y infuser le sang durham. Nous pensons que ce croisement est plutôt le résultat d'une fantaisie d'amateur que l'application d'une idée pratique.

Quoi qu'il en soit, les métis issus du croisement d'une vache camargue avec un taureau durham, ne présentent pas, comme on pourrait s'y attendre, des formes décousues. Ils sont petits de taille, à pelage noir ou pie, à contours assez arrondis, ayant une certaine élégance et dont la poitrine est assez large, le ventre peu développé, le dos droit, la tête petite, surmontée de cornes fines, dirigées en avant et recourbées à leurs extrémités ; leur peau est souple, recouverte de poils courts mais fins. A l'expression de leur regard et à l'attitude qu'ils prennent, lorsqu'on cherche à les aborder, on voit qu'ils ont conservé en partie le caractère de leurs ascendants maternels.

TABLE DES GRAVURES

TABLE DES CHAPITRES

PARIS. — IMP. SIMON RAÇON ET COMP., RUE D'ERFURTH,

www.ingramcontent.com/pod-product-compliance
Ingram Content Group UK Ltd.
Pitfield, Milton Keynes, MK11 3LW, UK
UKHW021217140726
13695UKWH00002B/604